圆锥曲线的思想方法

金 毅 编著

◎ 弦长与面积

◎ 定点定值体系的思想方法

◎ 利用仿射变换的思想解决圆锥曲线问题

◎ 基于圆锥曲线极点极线体系的定点定值问题

◎ 解决圆锥曲线问题的其他思想

◎ 圆锥曲线思想的发展历史简述

HITP

哈尔滨工业大学出版社

HARBIN INSTITUTE OF TECHNOLOGY PRESS

内 容 简 介

本书以弦长公式、定点定值、仿射和极点极线为主线展开，介绍了一些常用的研究圆锥曲线问题的思想方法，从圆开始研究并将相关结论延伸至椭圆.

本书适合高中教师、学生以及数学爱好者参考使用.

图书在版编目(CIP)数据

圆锥曲线的思想方法/金毅编著. —哈尔滨:哈尔滨工业大学出版社,2021.8(2024.3 重印)
ISBN 978 - 7 - 5603 - 9625 - 5

Ⅰ.①圆… Ⅱ.①金… Ⅲ.①圆锥曲线 Ⅳ.①O123.3

中国版本图书馆 CIP 数据核字(2021)第 149287 号

策划编辑　刘培杰　张永芹
责任编辑　关虹玲　穆方圆
封面设计　孙茵艾
出版发行　哈尔滨工业大学出版社
社　　址　哈尔滨市南岗区复华四道街 10 号　邮编 150006
传　　真　0451 - 86414749
网　　址　http://hitpress.hit.edu.cn
印　　刷　哈尔滨圣铂印刷有限公司
开　　本　787 mm×960 mm　1/16　印张 8　字数 71 千字
版　　次　2021 年 8 月第 1 版　2024 年 3 月第 4 次印刷
书　　号　ISBN 978 - 7 - 5603 - 9625 - 5
定　　价　48.00 元

作者简介

金毅,理学学士、数学教育硕士,本科和硕士均毕业于北京师范大学数学科学学院,他还是核心期刊《中学生数学》杂志外审专家、市级名师工作室成员.

他曾被评选为 2018,2020 两年度高中数学联赛优秀教练,2019 年"希望杯"数学竞赛优秀教练,2019 年他作为主教练带领学生参加高一组"希望杯"数学竞赛获得 3 金 6 银 2 铜的成绩,总分是省内第一;2020 年他作为主教练带领学生参加高中数学联赛获得 1 个国家三等奖、7 个省级一等奖.他已有两篇论文发表于核心期刊《中学生数学》(中国数学会、北京数学会、首都师范大学主办).

◎

前言

　　圆锥曲线是解析几何研究的主要对象,在高考以及高中各级各类数学竞赛当中均作为重点进行考查. 所以,每位教师和学生都非常重视圆锥曲线的教与学. 但是,教师和学生都会对圆锥曲线的各类问题的解决方法产生迷惑与不解. 这道题目为什么这样做? 可能是大多数教师和学生心里感到困惑的问题. 笔者曾经在《数学通报》杂志当中看到一篇文章,里面有一句话的大致意思是:教师是教不好自己没有理解到位的方法的. 如果教师去讲授自己没有深刻理解的解题方法,特别是这个方法的内涵和外延没有被彻底解决的时候,那么学生在考场上几乎不会用这个方法. 所以,为了解决这个问题,笔者结合自己的多年教学经验,写了这本书,介绍了圆锥曲线一些方法的来龙去脉,以帮助各位教师在解析几何方面的教学.

本书的编写有以下几个创见:

(1)本书依托弦长与面积和定点定值的基本问题类型,以仿射变换作为基本研究方法,定义了圆的极点极线,并类比到椭圆中,给出了较为严格的证明,并不依托高等几何的内容,但是读了本书内容之后,读者会对高等几何的相关内容理解更深,同时在第四章的末尾给出了极点极线较为严格的证明;

(2)本书主打体系式的思想方法,每一章可以单独构成一个体系,但是它们之间又能够相互联系,比如第三章、第四章的内容可以用来解决第一章和第二章的内容,建议读者读完各章之后再仔细揣摩它们之间的联系;

(3)本书在每道题目的"分析与解答"部分之后增加了"思考"部分,这是作者与读者的对话,从对话中,不仅能够帮助读者解决解题技巧上的问题,还能为读者提供背景知识与解题方向上的思考,建议重点阅读;

(4)本书不以题目数量取胜,每节基本上仅提供一道"最经典"的问题,力求弄懂一类方法,读者可在类似题目上使用这种方法,题目的来源基本为高考真题,同时还有少量的模拟题与竞赛题.

(5)本书将解决圆锥曲线的其他思想放在第五章当中,它们都是在解决圆锥曲线问题时有奇效且重要的思想方法,建议重点阅读.

本书第一章至第五章的内容由金毅老师编写,第六章的数学思想史内容特邀呼和浩特市第二中学的历史老师高境宏编写.

　　由于作者本人知识水平有限,本书难免存在一些疏漏和不足,恳请读者批评指正.

作　者
2021 年 4 月 28 日

弦长与面积

第一节　　弦长公式的灵活应用

圆锥曲线的问题中,首先大家要先明确"弦长公式"和"两点间距离公式",它们之间有什么相同之处和区别.先将本书可能后续用到的公式列在表 1 里,逐个进行说明.

表 1

编号	公式	含义
1	$\|AB\| = \sqrt{(x_1 - x_2)^2 + (y_1 - y_2)^2}$	两点间距离公式,弦长公式
2	$\|AB\| = \sqrt{1 + k^2}\,\|x_1 - x_2\|$	两点间距离公式,弦长公式
3	$\|AB\| = \sqrt{1 + k^2} \cdot \sqrt{(x_1 + x_2)^2 - 4x_1 x_2}$	两点间距离公式,弦长公式

1

续表 1

编号	公式	含义
4	$\|AB\| = \sqrt{1+k^2} \cdot \dfrac{\sqrt{\Delta_x}}{\|A_x\|}$	弦长公式
5	$\|AB\| = \|t_1 - t_2\|$	两点间距离公式,弦长公式

请大家一定要牢记以上公式,总体来说,它们在解决圆锥曲线问题时的使用频率非常高.为了方便描述,以下内容中涉及"公式 1"……"公式 7"均指表 1、表 2 中对应的公式.

思考 1

以上公式,请注意,我们对于解析几何的基本思路的理解就从此开始.里面的 k 是直线斜率,如果斜率存在,那么公式即为以上所述.如果斜率不存在

$$\|AB\| = \|y_1 - y_2\|$$

对于公式 1,它是最基本的两点间距离公式,证明方法就是如图 1 所示,作 $AH \mathbin{/\mkern-5mu/} x$ 轴,$BH \mathbin{/\mkern-5mu/} y$ 轴,且 $A(x_1, y_1)$,$B(x_2, y_2)$,可得到长度为

$$\|AH\| = \|x_2 - x_1\|$$
$$\|BH\| = \|y_2 - y_1\|$$

所以由勾股定理可以得到

$$\|AB\| = \sqrt{(\|x_2 - x_1\|)^2 + (\|y_2 - y_1\|)^2}$$
$$= \sqrt{(x_2 - x_1)^2 + (y_2 - y_1)^2}$$

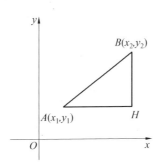

图 1

　　这个公式虽然总体应用频率不高,但是在一些轨迹问题和一些代数方程转解析几何的问题中应用是非常有效的.

　　当直线 AB 的斜率存在的时候,我们能够看到,直线 AB 的表达式可以设为 $y = kx + b$,此时可以得到 $y_1 = kx_1 + b$,$y_2 = kx_2 + b$,代入两点间距离公式可以得到 $|AB| = \sqrt{1 + k^2}\, |x_1 - x_2|$.请读者明确一件事情,那就是在运算的过程中到现在为止还没有涉及任何曲线,所以这个公式的本质就是两点间距离公式.它的一个重要特点是侧重横坐标的运算.

　　那么根据以下运算很自然地就有了公式 3

$$|x_1 - x_2| = \sqrt{(x_1 + x_2)^2 - 4x_1 x_2}$$

如果读者看懂了公式 2 的本质,那么很显然公式 3 的本质也是两点间距离公式.

　　公式 1～3 的结果是弦长公式的基础,其中它们在题目里面属于得分点,并且后续会看到它们还会做进一步的运算.

3

思考 2

对于公式 3

$$|AB| = \sqrt{1+k^2}\sqrt{(x_1+x_2)^2 - 4x_1x_2}$$

这很容易联想到韦达定理,所以我们可以将圆锥曲线方程和直线联立,得到一个方程组,再将直线代入,化为一元二次方程的标准形式

$$Ax^2 + Bx + C = 0 \quad (A \neq 0)$$

$$x_1 + x_2 = -\frac{B}{A}, \ x_1x_2 = \frac{C}{A}$$

$$\Delta = B^2 - 4AC$$

将其代入公式 3,可以得到

$$|AB| = \sqrt{1+k^2}\sqrt{(x_1+x_2)^2 - 4x_1x_2}$$

$$= \sqrt{1+k^2}\ \frac{\sqrt{\Delta}}{|A|}$$

大家可以看到公式 4 里面加入了下角标,即

$$|AB| = \sqrt{1+k^2}\ \frac{\sqrt{\Delta_x}}{|A_x|}$$

含义就是关于变量 x 的判别式和二项式系数.

这个公式带有很强的圆锥曲线的意味,原因就是直线和圆锥曲线进行了联立,所以这个公式本质上才称得上是弦长公式.

思考 3

当直线 AB 的斜率不为零的时候,我们可以将直

4

线 AB 的表达式设为 $x = my + n$，此时代入到两点间距离公式当中，可以得到表 2：

表 2

编号	公式	含义
6	$\mid AB \mid = \sqrt{1+m^2} \mid y_1 - y_2 \mid$	两点间距离公式，弦长公式
7	$\mid AB \mid = \sqrt{1+m^2} \sqrt{(y_1+y_2)^2 - 4y_1 y_2}$	两点间距离公式，弦长公式
8	$\mid AB \mid = \sqrt{1+m^2} \dfrac{\sqrt{\Delta_y}}{\mid A_y \mid}$	弦长公式

这就构成了由直线反斜截式构成的另外一个弦长公式的体系. 同时请读者特别注意公式 8，里面的判别式和公式 7 联立之后的二次项系数是与变量 y 有关的.

我们现在来看有关弦长公式应用的问题.

例 1 （2016 年四川高考数学试卷（理科）第 20 题）已知椭圆 $E: \dfrac{x^2}{a^2} + \dfrac{y^2}{b^2} = 1 (a > b > 0)$ 的两个焦点与短轴的一个端点是直角三角形的 3 个顶点，直线 $l: y = -x + 3$ 与椭圆 E 有且只有一个公共点 T.

（1）求椭圆 E 的方程及点 T 的坐标；

（2）设 O 是坐标原点，直线 l' 平行于 OT，与椭圆 E 交于不同的两点 A, B，且与直线 l 交于点 P. 求证：存在常数 λ，使得 $\mid PT \mid^2 = \lambda \mid PA \mid \mid PB \mid$，并求 λ 的值.

 分析与解答

（1）由题意知，焦点三角形是等腰直角三角形，即 $a=\sqrt{2}b$，故方程可以化为

$$\frac{x^2}{2b^2}+\frac{y^2}{b^2}=1$$

将其与 $y=-x+3$ 进行联立，可得

$$3x^2-12x+18-2b^2=0$$
$$\Delta=24b^2-72=0$$

得到 $b^2=3$，所以得到椭圆方程为 $\frac{x^2}{6}+\frac{y^2}{3}=1$，同时得到点 $T(2,1)$.

（2）承接（1），由 $T(2,1)$，可以计算出直线 OT 斜率为 $\frac{1}{2}$.

因为本题中 OT 斜率已知，所以我们设方程采用斜截式.

假设直线 l' 的方程为

$$y=\frac{1}{2}x+m \quad (m\neq 0)$$

观察图 2，从题目上看，我们需要解决的距离分别有 $|PA|$，$|PB|$，$|PT|$，这样来看，点 P 的坐标就显得非常关键.

首先求解点 P 的坐标

$$\begin{cases} y=\frac{1}{2}x+m \quad (m\neq 0) \\ y=-x+3 \end{cases}$$

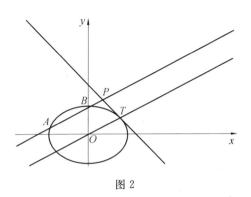

图 2

得到

$$P\left(2-\frac{2}{3}m,1+\frac{2}{3}m\right)$$

可以得到

$$\mid PT\mid^{2}=\frac{8}{9}m^{2}$$

我们使用公式 3：$\mid AB\mid=\sqrt{1+k^{2}}\mid x_{1}-x_{2}\mid$ 来进行分析：

设点 $A(x_{1},y_{1})$，$B(x_{2},y_{2})$，可以得到

$$\mid PA\mid=\frac{\sqrt{5}}{2}\left|2-\frac{2m}{3}-x_{1}\right|$$

$$\mid PB\mid=\frac{\sqrt{5}}{2}\left|2-\frac{2m}{3}-x_{2}\right|$$

联立直线和椭圆方程

$$\begin{cases}\dfrac{x^{2}}{6}+\dfrac{y^{2}}{3}=1\\[2mm]y=\dfrac{1}{2}x+m\quad(m\neq0)\end{cases}$$

得

7

$$3x^2 + 4mx + (4m^2 - 12) = 0$$

由韦达定理可得

$$x_1 x_2 = \frac{4m^2 - 12}{3}, x_1 + x_2 = -\frac{4m}{3}$$

$$|PA||PB| = \frac{10}{9}m^2$$

因此存在 $\lambda = \frac{4}{5}$ 使得原命题成立.

 思考4

本题综合考查对两点间距离的理解. 首先是对于 $|PT|$, 处理的办法是解决两点的坐标, 通过两点间距离公式的运算解决线段长度; 其次是 $|PA|$, $|PB|$, 其中一个端点在椭圆上, 后面我们会再次看到这种"一个端点"在圆锥曲线上的问题, 这种问题的经常出现形式是"线段乘积", 只有相乘才能结合韦达定理运算. 如上所说, 请读者仔细思考: 这种线段的乘积背后还有什么意义? 我们会在后面的"思考"中解答.

第二节　对面积问题的思考

面积问题是弦长问题之后的一个延伸问题, 对于面积问题, 大致可以分为三角形面积和四边形面积两种情况. 我们首先来看如何求解三角形面积.

例2 (2019年春季湖州期中考试数学试卷(改编)) 已知椭圆 $E: \dfrac{x^2}{a^2} + \dfrac{y^2}{b^2} = 1(a > b > 0)$ 经过两点(0,

1），$\left(\sqrt{3}, \dfrac{1}{2}\right)$．

（1）求椭圆 E 的方程；

（2）若直线 $l: x - y - \sqrt{3} = 0$ 交椭圆 E 于两个不同的点 A, B, O 是坐标原点（图3），求 $S_{\triangle AOB}$．

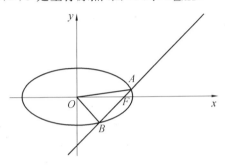

图3

分析与解答

（1）根据题意，我们得到方程

$$\begin{cases} b^2 = 1 \\ \dfrac{3}{a^2} + \dfrac{1}{4b^2} = 1 \end{cases}$$

解得 $a = 2, b = 1$．

椭圆方程为

$$\frac{x^2}{4} + y^2 = 1$$

（2）关于这一问，主要呈现出来的解决方法有两种，下面呈现给大家．

第一种思路就是底乘以高．

根据前面的弦长公式 4，我们使用公式

$$|AB| = \sqrt{1+k^2}\, \frac{\sqrt{\Delta_x}}{|A_x|}$$

需要将直线方程和椭圆方程进行联立

$$\begin{cases} \dfrac{x^2}{4} + y^2 = 1 \\ y = x - \sqrt{3} \end{cases}$$

得到 $5x^2 - 8\sqrt{3}\,x + 8 = 0$，判别式 $\Delta = 32$，$|AB| = \dfrac{8}{5}$.

接下来解决点 O 到直线 AB 的距离，也就是三角形的高的数值，记为

$$h = \frac{|-\sqrt{3}|}{\sqrt{2}} = \frac{\sqrt{6}}{2}$$

所以

$$S_{\triangle AOB} = \frac{1}{2}h \cdot |AB| = \frac{1}{2} \times \frac{\sqrt{6}}{2} \times \frac{8}{5} = \frac{2}{5}\sqrt{6}$$

另一种思路就是寻找三角形中的公共边，比如本题，直线经过焦点 $F(\sqrt{3}, 0)$，则可以得到 $\triangle AOB$ 被线段 OF 分割成为两个三角形 $\triangle AOF$ 和 $\triangle BOF$.

设 $A(x_1, y_1)$，$B(x_2, y_2)$，这样面积可以表示为

$$S_{\triangle AOB} = \frac{1}{2}|OF||y_1 - y_2| = \frac{\sqrt{3}}{2} \cdot \frac{\sqrt{\Delta_y}}{|A_y|}$$

所以，由已知，得到直线的反斜截式方程 $x = y + \sqrt{3}$，联立该直线与椭圆

$$\begin{cases} \dfrac{x^2}{4} + y^2 = 1 \\ x = y + \sqrt{3} \end{cases}$$

10

得到 $5y^2 + 2\sqrt{3}\,y - 1 = 0$，$\Delta_y = 32$，得到

$$S_{\triangle AOB} = \frac{2}{5}\sqrt{6}$$

综上，得到了与另一个思路相同的答案.

 思考 1

　　这是一道非常基本但是重要的题. 以上两种不同的解答，实质上是由于对面积计算的不同观点导致的. 第一种方式是传统的底乘以高，第二种方式的本质是"割补"导致的计算. 同时，请注意，以上两种处理方式中，我们并没有把直线和圆锥曲线方程的联立放在最前面，我们是根据坐标对于几何问题处理的最终表达式，来决定设哪种直线方程. 也就是说，决定直线方程形式的是问题处理和转化的方向，而不是其他因素. 读者会看到，本书其他章节的解析几何题的处理也是如此. "联立"在解析几何的思考顺序中，始终不是最重要的.

第三节　函数思想在弦长和面积问题中的应用

　　本节中，之前相对确定的直线和圆锥曲线的位置关系，会处于一个变化的范围之中. 我们将和前面一样用核心的公式解决本节问题. 除了之前的内容，将会看到，函数作为一个非常有用的工具出现在解析几何问题的求解中.

例3 （2016年北京市东城区期末统一检测）已知椭圆 $\dfrac{x^2}{4}+\dfrac{y^2}{3}=1$，若过椭圆右焦点 F_2 的直线 l 交椭圆于 A，B 两点（图4），求 $|AF_2|\cdot|F_2B|$ 的取值范围.

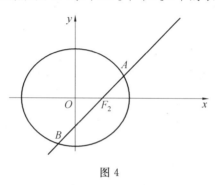

图4

分析与解答

首先直线 AB 是运动的，过定点 F_2，相当于绕定点转动. 定点在 x 轴上，所以说，直线的方程可以优先考虑设反斜截式方程：$x=my+1$.

思考1

以上过程，有两点需要读者知道.

首先，直线的方程形式是有倾向性的，但不是绝对. 比如本题也可以设为 $y=k(x-1)$. 请读者阅读完本题的解答后，自主尝试按照 $y=k(x-1)$ 解题，一定可以做到. 同时，希望读者做题之后进行比对，这两种

方法是否有差异？差异体现在什么地方？两种方式进行对比之后，会发现，这种倾向性不是天方夜谭，而是确有依据.

其次，当设为 $x=my+1$ 时，这种方程不会包括斜率为 0 的直线. 所以，当设出这样的方程时，分类讨论几乎是一件必要的事情，而且往往这些特殊位置在取值范围的确立中会有特殊的意义.

根据所设直线方程，我们对于目标表达式进行坐标转化. 令 $A(x_1,y_1)$，$B(x_2,y_2)$，所以，我们可以得到

$$|AF_2|=\sqrt{1+m^2}\,|y_1|,\ |BF_2|=\sqrt{1+m^2}\,|y_2|$$

$$|AF_2|\cdot|F_2B|=(1+m^2)|y_1y_2|$$

可以看到，现在联立是十分必要的，即

$$\begin{cases}\dfrac{x^2}{4}+\dfrac{y^2}{3}=1\\[2mm]x=my+1\end{cases}$$

得到方程为

$$(3m^2+4)y^2+6my-9=0,\ y_1y_2=\frac{-9}{3m^2+4}$$

所以

$$|AF_2|\cdot|F_2B|=(1+m^2)|y_1y_2|$$

$$=(1+m^2)\frac{9}{3m^2+4}$$

$$=3-\frac{3}{3m^2+4}$$

把以上表达式看作关于 m 的函数，当 $m=0$ 时，取得最小值为 $\dfrac{9}{4}$，即

$$\frac{9}{4} \leqslant |AF_2| \cdot |F_2B| < 3$$

当直线斜率为 0 时,可得 $|AF_2| \cdot |F_2B| = 3$,可得最终取值范围为 $\left[\frac{9}{4}, 3\right]$.

 思考 2

现在来回答第一节思考 4 提出的问题. 如果直线的方程设为 $y = k(x-1)$,初步化简的结果应当是

$$|AF_2| \cdot |F_2B| = (1+k^2)|x_1 x_2 - (x_1 + x_2) + 1|$$

从这里,我们可以看出,关于表达式的复杂程度已经说明了一切. 所以直线方程选择的倾向性是从圆锥曲线的学习伊始就应该去认真体会的一件事.

请读者再思考另一个问题. 这道题目中,我们求解取值范围的前提是直线和椭圆必须要有两个交点,那么为了保证有两个交点,二次方程的判别式一定要严格大于零. 我们在解题过程中没有计算判别式,请读者思考为什么这道题没有考虑的必要,同时认真思考应当在什么样的情况下考虑判别式?

例 4 如图 5 所示,设椭圆中心在坐标原点,$A(2, 0)$,$B(0, 1)$ 是它的两个定点,直线 $y = kx \, (k > 0)$ 与 AB 相交于点 D,与椭圆相交于 E, F 两点.

(1) 若 $\overrightarrow{ED} = 6\overrightarrow{DF}$,求 k 的值;

(2) 求四边形 $AEBF$ 面积的最大值.

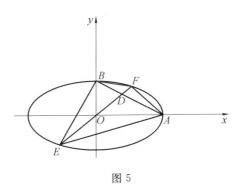

图 5

分析与解答

（1）椭圆的方程为 $\dfrac{x^2}{4} + y^2 = 1$，设直线 AB，EF 的

方程分别为 $\dfrac{x}{2} + y = 1$，$y = kx$，设 $D(x_0, kx_0)$，$E(x_1,$

$kx_1)$，$F(x_2, kx_2)$，其中 $x_1 < x_2$.

将椭圆方程和直线 EF 的方程联立 $\begin{cases} \dfrac{x^2}{4} + y^2 = 1, \\ y = kx \end{cases}$，

得到

$$E\left(\dfrac{-2}{\sqrt{1+4k^2}}, \dfrac{-2k}{\sqrt{1+4k^2}}\right), F\left(\dfrac{2}{\sqrt{1+4k^2}}, \dfrac{2k}{\sqrt{1+4k^2}}\right)$$

根据 $\overrightarrow{ED} = 6\,\overrightarrow{DF}$，得横坐标关系 $x_0 - x_1 =$

$6(x_2 - x_0)$，得到

$$x_0 = \dfrac{1}{7}(6x_2 + x_1) = \dfrac{10}{7\sqrt{1+4k^2}}$$

得到点

$$D\left(\frac{10}{7\sqrt{1+4k^2}},\frac{10k}{7\sqrt{1+4k^2}}\right)$$

点 D 在直线 AB 上,可以得到

$$\frac{5}{7\sqrt{1+4k^2}}+\frac{10k}{7\sqrt{1+4k^2}}=1$$

即

$$24k^2-25k+6=0$$

解得 $k=\dfrac{2}{3}$ 或 $k=\dfrac{3}{8}$.

思考 3

这个问题(1)的条件看似简单,实际综合考查对于向量以及参数的理解. 处理向量的方法是利用坐标,而且点 D 处于非常重要的位置:它是直线 EF 和直线 AB 的交点,所以说,利用向量求解点 D 的坐标,再代入直线.

(2)本题针对的是四边形的面积问题,所以将四边形的面积分割成为 $\triangle AEF$ 和 $\triangle BEF$ 的面积之和. 所以首先计算 $|EF|=\sqrt{1+k^2}\,|x_1-x_2|=\dfrac{4\sqrt{1+k^2}}{\sqrt{1+4k^2}}$,再计算点 A 到直线的距离 $h_A=\dfrac{2k}{\sqrt{1+k^2}}$,同理计算点 B 到直线的距离 $h_B=\dfrac{1}{\sqrt{1+k^2}}$,从而可得四边形 $AEBF$ 的面积为

$$\frac{1}{2}|EF|(h_A+h_B)=\frac{2(1+2k)}{\sqrt{1+4k^2}}=S$$

平方可得

$$S^2 = 4 \frac{4k^2 + 4k + 1}{4k^2 + 1} = 4\left(1 + \frac{4k}{4k^2 + 1}\right)$$

$$= 4\left(1 + \frac{4}{4k + \frac{1}{k}}\right)$$

$$\leqslant 4\left(1 + \frac{4}{2\sqrt{4k \cdot \frac{1}{k}}}\right) = 8$$

所以 $S \leqslant 2\sqrt{2}$，当且仅当 $k = \dfrac{1}{2}$ 时，取得最大值.

思考 4

  四边形面积往往拆分成为两个三角形的面积之和. 以上解答选择的拆分方式是以 EF 作为公共边，还可以尝试以 AB 作为公共边，这个想法读者不妨尝试一下. 四边形面积是圆锥曲线非常重要的一个主题，原因就是它全面考查对于弦长和面积的理解. 同时，对于涉及面积的函数表达式，应使用函数的思想方法求解最值. 本题主要依托的是均值不等式. 读者在学习这一部分的时候，建议先回顾复习分式类型的函数值域求解都有什么方法，特别对于齐一次、齐二次、分子一次分母二次、分子二次分母一次的分式，它们的求解方法有什么相同和不同之处？

  2019 年全国 II 卷数学试卷（理科）的第 21 题的第二小问中，出现了 $S = 8 \dfrac{k(1 + k^2)}{(k^2 + 2)(2k^2 + 1)}$，这种函数

值域怎么求解？这是要在函数学习中明确解决的问题. 本质上,这是对勾(或者延展) 函数的复合函数值域问题.

定点定值体系的思想方法

第一节 "斜率等积，线过定点"的基本思想

例 1 （人教版高中数学选修（B版）2－1，第 70 页，练习 B 的第 2 题）：过抛物线的顶点 O 作两条互相垂直的弦 OA 和 OB. 求证：弦 AB 与抛物线的对称轴相交于定点.

设抛物线方程为

$$y^2 = 2px \, (p > 0)$$

设直线 AB 的方程为

$$x = my + n$$

根据题意分析 $\begin{cases} y^2 = 2px \\ x = my + n \end{cases}$，可得

19

$$y^2 - 2pmy - 2pn = 0$$

设 $A(x_1, y_1), B(x_2, y_2)$,有

$$\overrightarrow{OA} \cdot \overrightarrow{OB} = x_1 x_2 + y_1 y_2$$

$$= \frac{(y_1 y_2)^2}{4p^2} + y_1 y_2$$

$$= n^2 - 2pn = 0$$

所以 $n = 2p(n = 0$,不符合题意,舍去$)$.

故弦 AB 与抛物线的对称轴 x 轴交于定点 $(2p, 0)$.

 思考 1

虽然是一道非常基本的课本习题,但是它呈现出来的意味却很深刻. 相互垂直,不仅仅是向量乘积为 0,更说明它还可以是斜率乘积为 -1,这初次体现出本节"斜率定值,线过定点"的基本思路.

所谓"线过定点",本质就是直线的"点斜式"方程. 而要想写成点斜式方程,我们就要找到斜率和截距的关系,这样才能够写成点斜式的形式,不管用的直线方程形式是正的斜截式还是反的斜截式. 本题是最简单的情形,只要证明横截距是定值即可.

例 2 (人教版高中数学选修(B 版)2－1,第 70 页,练习 B 的第 2 题的逆命题)$y^2 = 2px(p > 0)$ 的顶点为 O,AB 为抛物线上不同于 O 的两点,若直线 AB 过点 $(2p, 0)$,请证明:$OA \perp OB$.

 **分析与解答**

设直线方程 $x = my + 2p$,联立直线与椭圆方程

$$\begin{cases} y^2 = 2px\,(p > 0) \\ x = my + 2p \end{cases}$$

得到

$$y^2 - 2pmy - 4p^2 = 0$$

设 $A(x_1, y_1), B(x_2, y_2)$,有

$$\overrightarrow{OA} \cdot \overrightarrow{OB} = x_1 x_2 + y_1 y_2 = y_1 y_2 + \frac{(y_1 y_2)^2}{4p^2}$$

$$= 4p^2 - 4p^2 = 0$$

所以 $OA \perp OB$.

 思考 2

这一问题可以说是上一问题的逆命题. 本题也可以使用斜率乘积为 -1 加以证明. 这揭示了非常重要的一件事:说明定点和定值问题是关联程度非常密切、非常重要的两个问题,"斜率乘积为定值"可以推导出"定点";"定点"也可以推导出"斜率乘积为定值". 可以看到,这个思想在后面的呈现越来越明显.

例 3 $y^2 = 2px\,(p > 0)$ 的顶点为 O,AB 为抛物线上不同于 O 的两点,已知 $k_{OA} k_{OB} = c\,(c \neq 0)$,则直线 AB 是否经过 x 轴上的某个定点? 若是,写出定点坐标;若否,说明理由.

 分析与解答

设抛物线方程为 $y^2 = 2px(p > 0)$,设直线 AB 的方程为 $x = my + n$,根据题意分析

$$\begin{cases} y^2 = 2px \\ x = my + n \end{cases}$$

可得

$$y^2 - 2pmy - 2pn = 0$$

设 $A(x_1, y_1)$,$B(x_2, y_2)$,有

$$x_1 x_2 = \frac{(y_1 y_2)^2}{4p^2} = n^2$$

$$k_{OA} k_{OB} = \frac{y_2}{x_2} \frac{y_1}{x_1} = \frac{-2pn}{n^2} = c$$

得到 $n = -\dfrac{2p}{c}$,所以直线 AB 经过 x 轴上的定点 $\left(-\dfrac{2p}{c}, 0\right)$.

 思考3

把例1和例2开始向一般化的方向进行推广. 在这个问题里,斜率成为主角. 同时,读者还要注意到,关于计算,我们没有采用直线作为代换的方式,而是果断使用了抛物线作为代换方式. 抛物线相比其他曲线来讲是有很多优点的,在变量的代换上,它有独有的优势.

例 4　对抛物线上 $y^2 = 2px(p > 0)$，点 $P(x_0, y_0)$ 是抛物线上任意的一点，A, B 为不同于 P 的两点，$k_{PA}k_{PB} = c(c \neq 0)$，问直线 AB 是否经过某个定点？若是，写出定点坐标；若否，请说明理由.

抛物线方程 $y^2 = 2px(p > 0)$，设直线 AB 的方程为 $x = my + n$.

根据题意分析

$$\begin{cases} y^2 = 2px \\ x = my + n \end{cases}$$

可得

$$y^2 - 2pmy - 2pn = 0$$

设 $A(x_1, y_1)$，$B(x_2, y_2)$，得到

$$y_1 + y_2 = 2pm, \quad y_1 y_2 = -2pn$$

$$\begin{aligned} k_{PA}k_{PB} &= \frac{y_1 - y_0}{x_1 - x_0} \frac{y_2 - y_0}{x_2 - x_0} = \frac{4p^2}{(y_1 + y_0)(y_2 + y_0)} \\ &= \frac{4p^2}{y_1 y_2 + y_0(y_1 + y_2) + y_0^2} \\ &= \frac{4p^2}{-2pn + 2pmy_0 + 2px_0} \\ &= \frac{2p}{-n + my_0 + x_0} = c \end{aligned}$$

所以

$$n = x_0 + my_0 - \frac{2p}{c}$$

可得

$$x = my + x_0 + my_0 - \frac{2p}{c}$$

所以直线经过定点 $\left(x_0 - \frac{2p}{c}, -y_0 \right)$.

思考 4

这道题目是比例 3 结论更加复杂的一个问题. 首先, 如果读懂了思考 3, 读者基本上就会明白这一问题为什么会这么处理.

例 5 对椭圆 $\frac{x^2}{4} + y^2 = 1$, 设右顶点为 A, P, Q 是椭圆上不同于点 A 的两点, 已知 $k_{AP} k_{AQ} = -1$, 试探究直线 PQ 经过哪个定点.

由题意, 点 $A(2,0)$. 设 $P(x_1, y_1)$, $Q(x_2, y_2)$, 有

$$k_{AP} k_{AQ} = \frac{y_2}{x_2 - 2} \frac{y_1}{x_1 - 2} = -1$$

设直线方程为 $x = my + n$, 有

$$k_{AP} k_{AQ} = \frac{y_2}{x_2 - 2} \frac{y_1}{x_1 - 2}$$

$$= \frac{y_1 y_2}{(my_1 + n - 2)(my_2 + n - 2)}$$

$$= \frac{y_1 y_2}{m^2 y_1 y_2 + m(n-2)(y_1 + y_2) + (n-2)^2}$$

联立直线和椭圆方程 $\begin{cases} \dfrac{x^2}{4} + y^2 = 1 \\ x = my + n \end{cases}$，得到

$$(m^2 + 4)y^2 + 2mny + n^2 - 4 = 0$$

$$y_1 + y_2 = -\frac{2mn}{m^2 + 4},\, y_1 y_2 = \frac{n^2 - 4}{m^2 + 4}$$

代入

$$k_{AP} k_{AQ} = \frac{y_1 y_2}{m^2 y_1 y_2 + m(n-2)(y_1 + y_2) + (n-2)^2}$$

$$= \frac{\dfrac{n^2 - 4}{m^2 + 4}}{m^2 \dfrac{n^2 - 4}{m^2 + 4} + m(n-2)\left(-\dfrac{2mn}{m^2 + 4}\right) + (n-2)^2}$$

$$= -1$$

即 $5n^2 - 16n + 12 = 0$，解得 $n = 2$（舍去）或 $n = \dfrac{6}{5}$.

所以，得到经过的定点为 $\left(\dfrac{6}{5}, 0\right)$.

当直线的斜率为 0 时，可以得到结论仍然成立.

 思考 5

这道题目暗示我们，类似结论可以向椭圆推广. 也就是说，这种几何上的问题在圆锥曲线中可能具备普遍性的特征（可以推广至双曲线），读者要清楚的是如何对它做到正确的处理. 特别是在计算上，要基本做到了解如何去处理斜率问题. 相信在本节内容以后，读者对于这类问题已经有所掌握.

第二节 "斜率等和,线过定点"的基本思想

例1 (2017年新课标全国 Ⅰ 卷数学试卷第20题(理科))已知椭圆 $C: \dfrac{x^2}{a^2} + \dfrac{y^2}{b^2} = 1(a > b > 0)$,四点 $P_1(1,1), P_2(0,1), P_3\left(-1, \dfrac{\sqrt{3}}{2}\right), P_4\left(1, \dfrac{\sqrt{3}}{2}\right)$ 中恰有三点在椭圆上.

(1)求 C 的方程;

(2)设直线 l 不经过点 P_2 且与 C 相交于 A, B 两点.若直线 P_2A 与直线 P_2B 的斜率和为 -1,证明:l 过定点.

分析与解答

(1)由已知,根据椭圆的对称性,我们确定 P_2, P_3, P_4 三点在圆锥曲线上. 可得 $\begin{cases} b = 1 \\ \dfrac{1}{a^2} + \dfrac{3}{4b^2} = 1 \end{cases}$,解得 $\begin{cases} a^2 = 4 \\ b^2 = 1 \end{cases}$,椭圆方程为 $\dfrac{x^2}{4} + y^2 = 1$.

(2)设直线方程为 $y = kx + m (m \neq 1)$.

设 $A(x_1, y_1), B(x_2, y_2)$,设直线 P_2A 和直线 P_2B 的斜率分别为 k_1, k_2,根据已知,可得

$$k_1 + k_2 = -1 = \frac{y_1 - 1}{x_1} + \frac{y_2 - 1}{x_2}$$

$$= \frac{kx_1 + m - 1}{x_1} + \frac{kx_2 + m - 1}{x_2}$$

$$= \frac{2kx_1x_2 + (m-1)(x_1 + x_2)}{x_1x_2}$$

联立直线方程与椭圆

$$\begin{cases} \dfrac{x^2}{4} + y^2 = 1 \\ y = kx + m\,(m \neq 1) \end{cases}$$

得到

$$(4k^2 + 1)x^2 + 8kmx + 4m^2 - 4 = 0$$

由韦达定理得

$$x_1 + x_2 = -\frac{8km}{4k^2 + 1},\ x_1x_2 = \frac{4m^2 - 4}{4k^2 + 1}$$

代入,得到 $k = -\dfrac{m+1}{2}$,所以经过定点 $(2, -1)$.

如果该直线和 x 轴垂直,设 $x = t$,由题意可得 $t \neq 0$,且 $|t| < 2$,可得 A,B 坐标分别为 $\left(t, \dfrac{\sqrt{4-t^2}}{2}\right)$,$\left(t, \dfrac{-\sqrt{4-t^2}}{2}\right)$.

根据 $k_1 + k_2 = -1$,解得 $t = 2$,不符合题意.

 思考 1

这道题读者在思考过之后,就会发现,原来斜率加和为定值也可以推导出线过定点. 其实,会发现,从图形上来讲,这个问题并没有比本章第一节的例题复杂多少,甚至是计算上也有很多共同之处. 这种问题也

27

具备一般性. 其实, 读者根本不用记住一般情况下是怎么回事, 只需要掌握好计算的方法就可以轻松解决这类问题.

第三节 "齐次化构造"解决"斜率等积"问题

本节的例题主要采用的第二章第一节的例 5.

例 1 对椭圆 $\dfrac{x^2}{4} + y^2 = 1$, 设右顶点为 A, P, Q 是椭圆上不同于点 A 的两点, 已知 $k_{AP} k_{AQ} = -1$, 试探究直线 PQ 经过哪个定点.

设直线 PQ 的方程为 $A(x-2) + By = 1$, 将椭圆按照如下方式改写.

因为 $x^2 + 4y^2 = 4$, 也即 $((x-2)+2)^2 + 4y^2 = 4$, 可得 $(x-2)^2 + 4y^2 + 4(x-2) = 0$.

接下来进行齐次化构造.

以上结果可化为

$$(x-2)^2 + 4y^2 + 4(x-2)$$
$$= (x-2)^2 + 4y^2 + 4(x-2)(A(x-2)+By)$$
$$= (4A+1)(x-2)^2 + 4y^2 + 4B(x-2)y = 0$$

所以可以得到

$$4\left(\frac{y}{x-2}\right)^2 + 4B\frac{y}{x-2} + (4A+1) = 0$$

根据题意, 可以直接由韦达定理得到

$$\frac{4A+1}{4}=-1$$

解得

$$A=-\frac{5}{4}$$

代入到原方程,可得

$$-\frac{5}{4}(x-2)+By=1$$

令 $y=0$ 可算出经过的定点为 $\left(\frac{6}{5},0\right)$.

 思考1

　　齐次化构造是一种较"规范"同时容易得分的方法,计算量相对较小. 所谓"规范"就是说它在考试中是被认可的解题书写方法. 它的基本特点就是"构造斜率",所以这是一种构造的方法. 这种构造的方法依赖于读者对于计算的良好掌握,在计算过程中最好不要出错,否则很难给出相应的分数. 同时,因为三点都在圆锥曲线上,所以齐次化构造是不会有常数项的. 这点请读者务必谨记. 如果这种构造当中出现了常数项,那么为了保证方程次数就会不惜一切代价"升次",通过平方直线方程来达到目标. 这个时候,从计算量的角度来讲,齐次化构造已经没有什么优势了. 综上所述,希望读者能够从解题的角度进一步明白方法的优劣性在哪里.

第四节 "齐次化构造"解决"斜率等和"问题

本节中的例1题目为第二章第二节中的例1.

例1 （2017年新课标全国 I 卷数学试卷第20题（理科））已知椭圆 $C : \dfrac{x^2}{a^2} + \dfrac{y^2}{b^2} = 1 (a > b > 0)$ ，四点 $P_1(1,1)$ ， $P_2(0,1)$ ， $P_3\left(-1,\dfrac{\sqrt{3}}{2}\right)$ ， $P_4\left(1,\dfrac{\sqrt{3}}{2}\right)$ 中恰有三点在椭圆上.

（1）求 C 的方程；

（2）设直线 l 不经过点 P_2 且与 C 相交于 A , B 两点. 若直线 $P_2 A$ 与直线 $P_2 B$ 的斜率和为 -1 ，证明： l 过定点.

分析与解答

（1）解法同第二章第二节例1，结果为 $\dfrac{x^2}{4} + y^2 = 1$.

（2）首先，设直线 AB 的方程为 $Ax + B(y-1) = 1$ ，接下来，按照如下方式改写椭圆方程.

首先 $x^2 + 4y^2 = x^2 + 4((y-1)+1)^2 = 4$ ，之后可得

$$x^2 + 4(y-1)^2 + 8(y-1) = 0$$

接下来进行齐次化构造

$$x^2 + 4(y-1)^2 + 8(y-1)$$
$$= x^2 + 4(y-1)^2 + 8(y-1)(Ax + B(y-1))$$

$$= x^2 + (8B+4)(y-1)^2 + 8Ax(y-1) = 0$$

同除 x^2，可得

$$(8B+4)\left(\frac{y-1}{x}\right)^2 + 8A\frac{y-1}{x} + 1 = 0$$

结合题意，可得

$$-\frac{8A}{8B+4} = -1$$

也即 $2A - 2B = 1$，根据所设直线方程，我们知道当
$\begin{cases} x = 2 \\ y-1 = -2 \end{cases}$ 时，得到定点 $(2,-1)$.

思考 1

　　从本节之后，齐次化构造这种方法会被广泛地使用在本书中. 只要看到斜率的乘积或者加和是一个定值，那么这种方法很有可能出现，读者也可以在圆锥曲线的学习过程中加以尝试. 其实，除了定点定值问题之外，只要涉及斜率的加法和乘法运算，这种构造式的方法就会可能出现在读者的视野中.

第五节　　定点定值体系在解决圆锥曲线问题中的应用

　　例 1　（2021 年普通高等学校招生全国统一考试模拟演练——"八省联考"数学试卷第 7 题）已知抛物线 $y^2 = 2px\,(p>0)$ 上三点 $A(2,2)$，B，C，直线 AB，AC 是圆 $(x-2)^2 + y^2 = 1$ 的两条切线，则直线 BC 的方程为（　　）.

    A. $x+2y+1=0$ B. $3x+6y+4=0$

    C. $2x+6y+3=0$ D. $x+3y+2=0$

分析与解答

    首先可以得到抛物线方程为 $y^2=2x$.

    方法一（定点定值体系"秒杀"）：

    这是一道小题,解题不必当大题做.根据本章第一节例 4 结论可知：对抛物线上 $y^2=2px(p>0)$,点 $P(x_0,y_0)$ 是抛物线上任意的一点,AB 为抛物线上不同于 P 的两点,$k_{PA}k_{PB}=c(c\neq 0)$,直线 AB 经过定点 $\left(x_0-\dfrac{2p}{c},-y_0\right)$.

    如图 6 所示,易知 $k_{AB}k_{AC}=-3$,套用上述结论,可得直线 BC 经过点 $\left(\dfrac{8}{3},-2\right)$,代入选项,马上选出答案为 B.

    其实,本题就是定点定值体系在某一对称时刻的特殊情形,对于解析几何的复习来讲,本题的价值非常大,它的切入点也很多.但是关键在于这道题可以使用基本方法,也可以套用结论,对于知识积累程度不同的学生来讲,很有区分度,至少在运算时间上区分非常大.所以,解析几何的基本思想方法还是需要从始至终地贯彻下去.

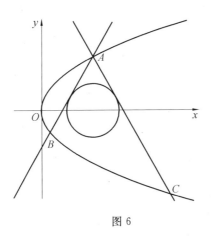

图 6

　思考 1

　　做圆锥曲线的小题还是需要一定结论支撑的,否则拿常规方法去计算会在速度上占下风. 但是,并不是所有的结论都要去记,而是要着重注意哪些能够描述位置关系和数量关系的结论. 因为位置关系和数量关系在解题过程中会起到转化的作用. 上述解题用的方法就是之前证明过的结论,希望读者能够有印象.

　　方法二(联立求解):

　　首先可以求解出 AB, AC 两条直线方程为 $y - 2 = \pm\sqrt{3}(x-2)$,将其平方,可得

$$(y-2)^2 = 3(x-2)^2$$

将这两条直线和抛物线 $y^2 = 2x$ 联立,可得

$$(y-2)^2 = 3\left(\frac{y^2}{2} - 2\right)^2$$

33

分解因式,并消去因式 $y-2$,得到 $3y^2+12y+8=0$.

因 B,C 都满足这个方程,且都在抛物线上,用 $y^2=2x$ 替换,得到 $3x+6y+4=0$.

 思考 2

这是一个非常巧妙的方法,这个方法在很多时候都能够快速求解一些轨迹方程. 在圆中,对于两个圆 $C_1:x^2+y^2+C_1x+D_1y+F_1=0, C_2:x^2+y^2+C_2x+D_2y+F_2=0$. 当它们相交的时候,可以得到它们的公共弦方程为 $(C_1-C_2)x+(D_1-D_2)y+F_1-F_2=0$. 其实,只要把两个圆的一般方程做减法即可. 请读者思考,做减法的原因是什么? 同时,这道题目,可否把 BC 看作抛物线和曲线 BAC 相交产生的公共弦呢? 结合刚才对圆的分析,读者对这种公共弦的问题有什么新的认识?

方法三(齐次化构造求解):

设 BC 的直线方程为
$$A(x-2)+B(y-2)=1$$
抛物线方程整理为
$$(y-2+2)^2=2[(x-2+2)]$$
将以上两式联立,得到
$$(y-2)^2+[4(y-2)-2(x-2)]\cdot$$
$$[A(x-2)+B(y-2)]=0$$
得到
$$(4B+1)(y-2)^2+(4A-2B)\cdot$$

$$(x-2)(y-2)-2A(x-2)^2=0$$

同除$(x-2)^2$，得到

$$(4B+1)\left(\frac{y-2}{x-2}\right)^2+(4A-2B)\left(\frac{y-2}{x-2}\right)-2A=0$$

结合已知条件，知道

$$\begin{cases} k_{AB}+k_{AC}=0 \\ k_{AB}k_{AC}=-3 \end{cases}$$

也就是说，二次方程$(4B+1)\left(\frac{y-2}{x-2}\right)^2+(4A-2B)\left(\frac{y-2}{x-2}\right)-2A=0$中的两根之和与两根之积都已经知道了.

所以

$$\begin{cases} -\dfrac{4A-2B}{4B+1}=0 \\ \dfrac{-2A}{4B+1}=-3 \end{cases}$$

解得

$$A=-\frac{3}{22},B=-\frac{3}{11}$$

代入得到方程为$3x+6y+4=0$.

 思考3

方法一适用于这道题，自然方法三也就适用于这道题目. 对于本题而言，读者会看到，这并不是用来求定点的，而是直接求解出了方程. 为什么能够直接求解出方程呢？请读者注意，这个方程的两个根都是知道的,所以我们计算的不是 A,B 之间的关系,而是它们的具体数值. 所以得到的是定直线,而不是定点.

例 2 (2020 年新高考全国 Ⅰ 卷数学试题(山东卷)22 题)已知椭圆 $C:\dfrac{x^2}{a^2}+\dfrac{y^2}{b^2}=1(a>b>0)$ 的离心率为 $\dfrac{\sqrt{2}}{2}$,且过点 $A(2,1)$.

(1)求 C 的方程;

(2)点 M,N 在 C 上,且 $AM\perp AN,AD\perp MN,D$ 为垂足. 证明:存在定点 Q,使得 $|DQ|$ 为定值.

分析与解答

(1) $\dfrac{x^2}{6}+\dfrac{y^2}{3}=1$,具体过程略.

(2)根据之前的题目相关结论,我们知道直线 MN 必过定点.

根据齐次化联立的方式,设直线 MN 的方程为 $A(x-2)+B(y-1)=1$,根据前面叙述,知道此方程为一般式,无需讨论斜率不存在或者为零的情形.

所以得到

$$\begin{cases} A(x-2)+B(y-1)=1 \\ \dfrac{x^2}{6}+\dfrac{y^2}{3}=1 \end{cases}$$

联立方程可得

$$(4B+2)\left(\dfrac{y-1}{x-2}\right)^2+4(A+B)\left(\dfrac{y-1}{x-2}\right)+4A+1=0$$

36

根据题意可得

$$\frac{4A+1}{4B+2} = -1$$

整理以后可以得到

$$\left(-\frac{4}{3}\right)A + \left(-\frac{4}{3}\right)B = 1$$

比较系数,可得定点坐标为 $\left(\frac{2}{3}, -\frac{1}{3}\right)$,设该定点为 E.

如果直线 AM 斜率为零,且 AN 斜率不存在时,可以得到此时点 $M(-2,1)$,$N(2,-1)$,直线 MN 仍然过点 $E\left(\frac{2}{3}, -\frac{1}{3}\right)$.

故可以得到 AE 长度为定值,且 $\triangle ADE$ 为直角三角形,则取 AE 中点 Q,可以得到

$$DQ = \frac{1}{2}AE = \frac{2}{3}\sqrt{2}$$

思考4

万变不离其宗,只要掌握好核心思想,基本上就能一眼看破题目的本质. 所以在平时的学习中,一定不能对数学当中的一些"现象"得过且过或者视而不见,往往这种"现象"背后有非常坚实的体系. 一定要弄清数学问题"是什么",同时要思考清楚"怎么做""为什么这样做". 只有这样,才能够真正学好解析几何,所以要抓住关键的概念和思想方法,这样做题时才能居高临下,游刃有余.

利用仿射变换的思想解决圆锥曲线问题

第
三
章

第一节　　有关仿射变换的基本公式

　　本书的仿射变换,对象分别为圆、椭圆和双曲线,抛物线不在此范围之内.

　　首先,对于一个椭圆,设其标准方程为

$$\frac{x^2}{a^2}+\frac{y^2}{b^2}=1(a>b>0)$$

设旧坐标为(x,y),新坐标为(s,t),通过变换

$$\begin{cases} s=\dfrac{x}{a} \\ t=\dfrac{y}{b} \end{cases}$$

可以将其仿射变换成为一个单位圆,它的方程是$s^2+t^2=1$.

对于一个双曲线,设其标准方程是

$$\frac{x^2}{a^2} - \frac{y^2}{b^2} = 1(a > 0, b > 0)$$

设旧坐标为(x, y),新坐标为(m, n),通过变换

$$\begin{cases} m = \dfrac{x}{a} \\ n = \dfrac{y}{b\mathrm{i}} \end{cases}$$

在复平面的意义之下,将其变换成为一个单位圆,它的方程是 $m^2 + n^2 = 1$.

 思考1

仿射变换主要研究的就是圆,只有对圆本身的性质烂熟于心,才能够一眼看破问题的本质. 如果仿射变换用得不好,说明对于圆本身的学习是有待加强的. 不过,在学习圆锥曲线的高中阶段,因为圆本身解析几何化,导致圆本身的几何性质方面的学习被弱化. 建议读者在学习高中的圆之前,最好对初中的平面几何与圆有关的性质和定理复习一遍,把证明的思路再盘点一下,这对于高中解析几何的学习是很有帮助的.

接下来,谈谈仿射变换对于弦长面积体系的影响. 以椭圆的仿射变换为例. 设旧坐标为(x, y),新坐标为(s, t),通过变换 $\begin{cases} s = \dfrac{x}{a} \\ t = \dfrac{y}{b} \end{cases}$ 将椭圆仿射变换成为单位圆.

接下来研究弦长的关系,假设旧坐标中弦所在直

线斜率存在，即 k，可得

$$k = \frac{y_2 - y_1}{x_2 - x_1}$$

新坐标中的斜率变为

$$k' = \frac{t_2 - t_1}{s_2 - s_1}$$

$$= \frac{\dfrac{y_2}{b} - \dfrac{y_1}{b}}{\dfrac{x_2}{a} - \dfrac{x_1}{a}} = \frac{a}{b}k$$

旧坐标的弦长公式

$$|AB| = \sqrt{1 + k^2}\ |x_2 - x_1|$$

$$= \sqrt{1 + \frac{b^2}{a^2}k'^2} \cdot a\ |s_2 - s_1|$$

$$= \sqrt{a^2 + b^2 k'^2}\ |s_2 - s_1|$$

结合新坐标的弦长公式

$$|A'B'| = \sqrt{1 + k'^2}\ |s_2 - s_1|$$

$$= \sqrt{1 + \frac{a^2}{b^2}k^2} \cdot \frac{1}{a}\ |x_2 - x_1|$$

$$= \sqrt{\frac{1}{a^2} + \frac{1}{b^2}k^2}\ |x_2 - x_1|$$

得到

$$\frac{|A'B'|}{|AB|} = \frac{\sqrt{\dfrac{1}{a^2} + \dfrac{1}{b^2}k^2}\ |x_2 - x_1|}{\sqrt{1 + k^2}\ |x_2 - x_1|}$$

$$= \frac{\sqrt{\dfrac{1}{a^2} + \dfrac{1}{b^2}k^2}}{\sqrt{1 + k^2}}$$

或

$$\frac{\mid A'B' \mid}{\mid AB \mid} = \frac{\sqrt{1+k'^2} \mid s_2 - s_1 \mid}{\sqrt{a^2 + b^2 k'^2} \mid s_2 - s_1 \mid}$$

$$= \frac{\sqrt{1+k'^2}}{\sqrt{a^2 + b^2 k'^2}}$$

当弦的斜率不存在时,情形较为简单,留给读者计算.

第二节　仿射变换思想的应用:简化计算与证明

高中阶段的仿射变换的主要功能是将复杂的曲线问题转换为简单的曲线问题. 把复杂的位置关系和数量关系转换为简单的位置关系和数量关系. 同时,对使用者的平面几何功底有一定要求. 所以说,在看本节以后内容的老师以及同学还是要复习一遍平面几何的基本内容. 特别是与圆有关的位置关系、数量关系,如圆幂定理、圆周角相等、角平分线定理等内容.

例 1　已知椭圆 $C: \dfrac{x^2}{a^2} + \dfrac{y^2}{b^2} = 1 (a > b > 0)$ 的一个焦点为 $(-\sqrt{3}, 0)$,过点 $\left(1, \dfrac{\sqrt{3}}{2}\right)$.

(1) 求椭圆 C 的标准方程;

(2) 设 $A_1(-a, 0)$,$A_2(a, 0)$,$B(0, b)$,点 M 是椭圆 C 上一点,且不与顶点重合,若直线 A_1B 与直线 A_2M 交于点 P,直线 A_1M 与直线 A_2B 交于点 Q,如图 7 所示,求证:$\triangle BPQ$ 为等腰三角形.

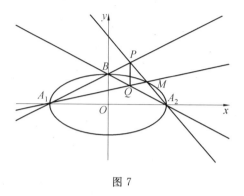

图 7

分析与解答

（1）椭圆方程 $\dfrac{x^2}{4}+y^2=1$.

（2）首先从解法上分析，大致有设线法与设点法两种.

设线法：（利用椭圆 e^2-1）由性质

$$\begin{cases} x=my-2\ (A_1M) \\ x=-2y+2\ (A_2B) \end{cases}$$

得出

$$Q\left(\dfrac{2m-4}{m+2},\dfrac{4}{m+2}\right)$$

由性质

$$\begin{cases} y=-\dfrac{m}{4}x+\dfrac{m}{2}\ (A_2M) \\ y=\dfrac{x}{2}+1\ (A_1B) \end{cases}$$

得出

$$P\left(\frac{2m-4}{m+2},\frac{2m}{m+2}\right)$$

故 $PQ \perp x$ 轴.

由两点间距离公式可证得 $BP = BQ$,或者证明点 B 在 PQ 的垂直平分线上也可以.

设点法:设 $M(x_0,y_0)$,思路与设线法基本相同

$$\begin{cases} y = \dfrac{y_0}{x_0-2}(x-2)(A_2M) \\ y = \dfrac{1}{2}x+1(A_1B) \end{cases}$$

得到

$$P\left(\frac{2x_0+4y_0-4}{2y_0-x_0+2},\frac{4y_0}{2y_0-x_0+2}\right)$$

同理可以得到

$$Q\left(\frac{2x_0-4y_0+4}{2y_0+x_0+2},\frac{4y_0}{2y_0+x_0+2}\right)$$

经过一番"轰轰烈烈"的计算可以证得 $x_P - x_Q = 0$(双变元计算烦冗),故 $PQ \perp x$ 轴.

以下同设线法.

思考 1

可以明显看到,设线法明显优于设点法,从解题的角度,虽然对于任意的解析几何问题,设线法和设点法的明显优劣还是不明显,但是在一道具体的解析几何问题中,设点法和设线法是有倾向性的.

仿射变换解法:如图 8 所示,可以将该椭圆仿射成为圆,则可以得到在该坐标变换意义之下,原等腰三角

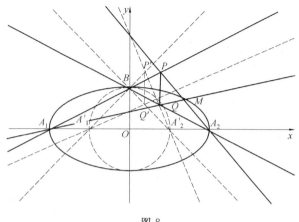

图 8

形仍然维持等腰. 根据同弧所对圆周角相等, 可以得到 $\angle P'A_1'Q' = \angle P'A_2'Q'$, 并且有 $A_1'B = A_2'B$, 所以 $\triangle BA_1'Q' \cong \triangle BA_2'P'$.

所以 $BP' = BQ'$, 根据该仿射的特性(纵坐标不变, 横坐标压缩), $BP = BQ$, 这样原命题得证.

接下来的例 2, 就是本书的第一章第一节的例 1. 请读者重新以仿射变换的角度思考这个问题, 我们将用一种新的视角来计算本题.

例 2 (2016 年四川省高考数学试卷(理科)第 20 题)已知椭圆 $E: \dfrac{x^2}{a^2} + \dfrac{y^2}{b^2} = 1 (a > b > 0)$ 的两个焦点与短轴的一个端点是直角三角形的 3 个顶点, 直线 $l: y = -x + 3$ 与椭圆 E 有且只有一个公共点 T.

(1) 求椭圆 E 的方程及点 T 的坐标;

(2) 设 O 是坐标原点, 直线 l' 平行于 OT, 与椭圆 E 交于不同的两点 A,B, 且与直线 l 交于点 P. 求证: 存

44

在常数 λ，使得 $|PT|^2 = \lambda |PA||PB|$，并求 λ 的值．

　　（1）椭圆方程为 $\dfrac{x^2}{6} + \dfrac{y^2}{3} = 1$．

　　（2）如图 9 所示，对该图形进行仿射变换，旧坐标

为 (x, y)，新坐标为 (s, t)，通过变换 $\begin{cases} s = \dfrac{x}{\sqrt{6}} \\ t = \dfrac{y}{\sqrt{3}} \end{cases}$，将椭圆仿

射成为单位圆．

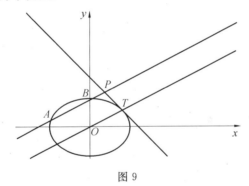

图 9

　　单位圆方程为 $s^2 + t^2 = 1$，根据之前推导的新旧坐标的比例关系

$$\frac{|A'B'|}{|AB|} = \frac{\sqrt{\dfrac{1}{a^2} + \dfrac{1}{b^2}k^2}\,|x_2 - x_1|}{\sqrt{1 + k^2}\,|x_2 - x_1|}$$

$$= \frac{\sqrt{\dfrac{1}{a^2} + \dfrac{1}{b^2}k^2}}{\sqrt{1+k^2}}$$

所以

$$\frac{|P'T'|}{|PT|} = \frac{1}{2}$$

$$\frac{|P'A'|}{|PA|} = \frac{1}{\sqrt{5}}$$

$$\frac{|P'B'|}{|PB|} = \frac{1}{\sqrt{5}}$$

$$|P'A'||P'B'| = \frac{1}{5}|PA||PB|$$

根据圆幂定理,可以得到

$$|P'T'|^2 = |P'A'||P'B'|$$

故

$$\frac{1}{4}|PT|^2 = \frac{1}{5}|PA||PB|$$

所以题目中的参数值为 $\dfrac{4}{5}$.

以上就是仿射变换的应用.对于仿射变换来讲,对使用者是有一定要求的,仿射变换基本是和圆进行对接,要求使用者要熟悉关于圆的各个基本定理并能加以运用.所以,这个方法强调使用者对于知识的积累.因此方法本身不是问题,一定要构建基于方法本身的体系,方法才能更为坚实.

例 3 已知椭圆 Γ 的中心在原点 O,焦点 F_1,F_2 在 x 轴上,离心率为 $\dfrac{\sqrt{2}}{2}$,过左焦点 F_1 的直线 l_1 交 Γ 于 A,

B 两点, 过右焦点 F_2 的直线 l_2 交 Γ 于 C,D 两点, 且点 A,C 位于 x 轴上方, 当直线 l_1 的倾斜角为 $90°$ 时, 恰有 $|AB|=2$.

(1) 求椭圆 Γ 的方程;

(2) 若直线 l_1,l_2 斜率之积为 $-\dfrac{1}{2}$, 求四边形 $ABCD$ 面积的最大值.

 分析与解答

(1) 过程略, 答案为 $\dfrac{x^2}{4}+\dfrac{y^2}{2}=1$.

(2) 如果不使用仿射变换, 求面积将不得不用到角公式, 烦琐!

我们使用仿射变换:

将椭圆仿射变换成为单位圆 $\begin{cases} s=\dfrac{x}{2} \\ t=\dfrac{y}{\sqrt{2}} \end{cases}$, 则 $s^2+t^2=1$.

根据原来的斜率关系 $k_1 k_2=-\dfrac{1}{2}$, 得到仿射后斜率 $m_1 m_2=-1$, 可得仿射后两直线垂直.

这样, 可以直接通过 "对角线相乘" 的计算方法解决四边形的面积问题了.

如图 10 所示.

接下来, 可以使用圆的方法求弦长, 而不进入弦长公式的套路. 假设两直线中倾斜角为锐角的直线倾斜

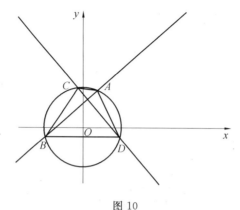

图 10

角为 θ,利用垂径定理,可得

$$|AB| = 2\sqrt{1 - \frac{1}{2}\sin^2\theta}$$

同时

$$|CD| = 2\sqrt{1 - \frac{1}{2}\cos^2\theta}$$

可以得到面积表达式为

$$2\sqrt{1 - \frac{1}{2}\sin^2\theta}\sqrt{1 - \frac{1}{2}\cos^2\theta} \leqslant \frac{3}{2} \quad \text{（均值）}$$

结合仿射前后面积比为 $2\sqrt{2}$,则仿射前最大面积为 $3\sqrt{2}$.

 思考 2

本题如果使用常规的计算方法,那么计算量会非常大,计算量的主要增大的原因是斜率乘积为定值. 在处理定值问题的时候,需要分设两个直线方程,计算

两条弦长,然后再计算出两直线的夹角,表示面积,然后根据斜率关系消去一个参数,转化成函数的最值问题;或者看成两个三角形的面积之和,将两个点到直线距离进行加和,合并出韦达定理的形式,然后联立代入计算求解. 无论哪种方法,计算量都非常大,特别是在考试的有限时间内,很难计算完毕. 所以,如果在仿射变换的角度之下解决本题,变成圆,弦长的计算就变成了一个几何问题,同时两条线段变成了垂直关系,这样就会使得这个问题变得明确而简单.

第三节　仿射变换思想的应用:
对椭圆第三定义的研究

在圆中,我们知道,直径所对的圆周角是直角. 现在我们将这个图形仿射成为椭圆. 设旧坐标为 (x, y),新坐标为 (s, t),假设旧坐标中的圆为单位圆,则得到 $x^2 + y^2 = 1$.

经过仿射变换

$$\begin{cases} s = ax \\ t = by \end{cases} (a > b > 0)$$

可以得到椭圆

$$\frac{s^2}{a^2} + \frac{t^2}{b^2} = 1 (a > b > 0)$$

如图 11 所示, 设点 $P(x, y)$,$A(x_1, y_1)$,$B(-x_1, -y_1)$,当 PA,PB 斜率存在时,可得 $k_{PA}k_{PB} = -1$,也即 $\dfrac{y - y_1}{x - x_1} \dfrac{y + y_1}{x + x_1} = -1$(可以使用点差法得

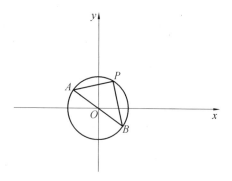

图 11

到),根据仿射变换关系代入,得到

$$\frac{\frac{1}{b}(t-t_1)\frac{1}{b}(t+t_1)}{\frac{1}{a}(s-s_1)\frac{1}{a}(s+s_1)} = -1$$

化简以后得到

$$\frac{(t-t_1)(t+t_1)}{(s-s_1)(s+s_1)} = -\frac{b^2}{a^2}$$

得到

$$k_{P'A'}k_{P'B'} = -\frac{b^2}{a^2}$$

按照这种仿射规则,若仿射前斜率存在,仿射以后斜率仍然存在.

所以我们得到了椭圆中的一条性质.

性质:对于椭圆$\frac{x^2}{a^2} + \frac{y^2}{b^2} = 1(a > b > 0)$,$A,B$是关于椭圆中心对称的点,点$P$是椭圆上的任意一点,当$PA$ 和 PB 的斜率存在时,有 $k_{PA}k_{PB} = -\frac{b^2}{a^2} = e^2 - 1$.

请注意,e 是椭圆的离心率.

　思考 1

以上是椭圆中一个非常重要的性质,如果研究它的逆命题,基本就是椭圆的"第三定义",也即 $k_{PA}k_{PB}$ 为定值时(这个定值要满足 e^2-1 对应于椭圆的取值范围 $(-1,0)$),且点 A,B 关于原点对称,那么得到点 P 的轨迹是椭圆(不包含点 A,B).

这条性质非常重要,在后面的例子当中还可以看见它的应用,接下来看一个实例.

例 1　已知点 $A(-2,0),B(2,0)$,动点 $M(x,y)$ 满足直线 AM,BM 的斜率之积为 $-\dfrac{1}{2}$,记点 M 的轨迹为曲线 C.

(1) 求曲线 C 的方程,并说明 C 是什么曲线;

(2) 过坐标原点的直线交曲线 C 于 P,Q 两点,点 P 在第一象限,$PE \perp x$ 轴,垂足为 E,联结 QE 并延长,交曲线 C 于点 G,证明:$\triangle PQG$ 是直角三角形.

分析与解答

(1) 根据椭圆的第三定义,可以迅速得到椭圆方程为

$$\frac{x^2}{4} + \frac{y^2}{2} = 1 \quad (y \neq 0)$$

故曲线 C 是焦点在 x 轴上,但不含长轴端点的椭圆.

51

（2）我们首先画出图形.

如图 12 所示，设点 $P(x_1,y_1)$，点 $Q(-x_1,-y_1)$，点 $E(x_1,0)$，根据已知条件 $k_{PQ}=2k_{QE}=2k_{QG}$，根据椭圆第三定义，可得 $k_{PG}k_{QG}=-\dfrac{1}{2}$，$k_{PQ}k_{PG}=-1$. 根据题意，上述解答中各斜率均存在.

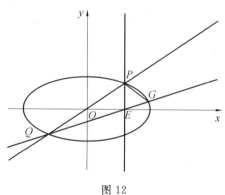

图 12

 思考 1

如果本题不借助第三定义，那么判断垂直基本上只能借助向量点乘为 0 或者勾股定理. 这两种方法基本只能够借助联立韦达定理或者弦长公式，计算量可想而知. 所以，恰当运用描述位置关系有关的定理，就能够起到事半功倍的作用.

第四节　仿射变换思想的应用：
对椭圆中点弦问题的研究

在圆中，我们知道有垂径定理. 如图 13 所示.

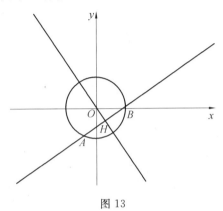

图 13

OH 垂直平分 AB，如果 OH，AB 斜率存在时，那么有 $k_{OH}k_{AB}=-1$.

设旧坐标为 (x,y)，新坐标为 (s,t)，假设旧坐标中的圆为单位圆，则得到 $x^2+y^2=1$，经过仿射变换 $\begin{cases} s=ax \\ t=by \end{cases}(a>b>0)$，可以得到椭圆 $\dfrac{s^2}{a^2}+\dfrac{t^2}{b^2}=1(a>b>0)$. 设旧坐标中 $A(x_1,y_1)$，$B(x_2,y_2)$，经过仿射变换得到 $A'(s_1,t_1)$，$B'(s_2,t_2)$，在椭圆上.

在旧坐标中

$$k_{OH}k_{AB}=\cfrac{\dfrac{y_1+y_2}{2}}{\dfrac{x_1+x_2}{2}}\cdot\frac{y_2-y_1}{x_2-x_1}$$

53

$$= \frac{y_1 + y_2}{x_1 + x_2} \frac{y_2 - y_1}{x_2 - x_1} = -1$$

根据新旧坐标仿射关系,我们可以得到

$$\frac{\dfrac{t_1}{a} + \dfrac{t_2}{a}}{\dfrac{s_1}{b} + \dfrac{s_2}{b}} \frac{\dfrac{t_1}{a} - \dfrac{t_2}{a}}{\dfrac{s_1}{b} - \dfrac{s_2}{b}}$$

$$= \frac{a^2}{b^2} \frac{t_1 + t_2}{s_1 + s_2} \frac{t_1 - t_2}{s_1 - s_2} = -1$$

也即

$$\frac{t_1 + t_2}{s_1 + s_2} \frac{t_1 - t_2}{s_1 - s_2} = -\frac{b^2}{a^2}$$

也即 $k_{O'H'} k_{A'B'} = -\dfrac{b^2}{a^2} = e^2 - 1$,仿射后斜率仍然存在.

我们得到了一条新的结论:

设 AB 是椭圆 $\dfrac{x^2}{a^2} + \dfrac{y^2}{b^2} = 1 (a > b > 0)$ 的一条弦,H 为弦 AB 的中点,O 为坐标原点. 当 AB 和 OH 的斜率均存在时,有 $k_{OH} k_{AB} = -\dfrac{b^2}{a^2}$.

以上结论可以类比椭圆焦点在 y 轴时的情形. 同时,该结论还可以向双曲线扩展.

 思考 1

仿射变换不仅仅是研究这类结论的方法,更是为这类问题的解决提供了一个良好的思路. 就结论本身来讲,仅适用于斜率存在的情况,但是斜率不存在是可以单独讨论解决的,并且难度不大. 同时,关于斜率乘

积为定值的这种问题,它的作用往往是帮助我们突破一些"台阶"的,比如找到直线斜率的关系. 这种结论,并不能在解题时指望有"秒杀"的效果,但是能够明确一点,它能给我们在解决问题的方向上铺路.

第五节　仿射变换思想的应用:对椭圆切线问题的研究

本节中,我们主要研究的是切线,当然,切线后面还会出现,作为极点极线的一部分(请参考第四章的内容). 本节的切线以斜率乘积定值的结论为主. 本节仍然依托仿射变换的体系对问题加以证明.

如图 14 所示,对于圆 O 在 H 处的切线 HB,如果 OH 和 HB 的斜率存在,可以得到 $k_{OH}k_{HB} = -1$.

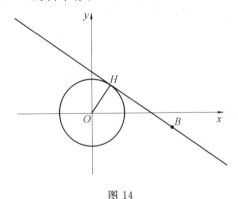

图 14

以下仍然是本章常见解题思路.

设旧坐标为 (x,y),新坐标为 (s,t),假设旧坐标

55

中的圆为单位圆,则得到 $x^2 + y^2 = 1$,经过仿射变换
$$\begin{cases} s = ax \\ t = by \end{cases} (a > b > 0)$$,可以得到椭圆 $\dfrac{s^2}{a^2} + \dfrac{t^2}{b^2} = 1 (a > b > 0)$.

设 $H(x_0, y_0)$,$B(x_1, y_1)$,可以得到
$$\frac{y_0}{x_0} \frac{y_1 - y_0}{x_1 - x_0} = -1$$

根据仿射变换关系,得到
$$\frac{\dfrac{t_0}{b}}{\dfrac{s_0}{a}} \frac{\dfrac{t_1}{b} - \dfrac{t_0}{b}}{\dfrac{s_1}{a} - \dfrac{s_0}{a}}$$

$$= \frac{a^2}{b^2} \frac{t_0}{s_0} \frac{t_1 - t_0}{s_1 - s_0} = -1$$

仿射后斜率仍然存在,所以得到
$$k_{O'H'} k_{H'B'} = -\frac{b^2}{a^2}$$

故我们得到了新的结论:

已知椭圆 $\dfrac{x^2}{a^2} + \dfrac{y^2}{b^2} = 1 (a > b > 0)$,$H$ 是椭圆上的一点,HB 是椭圆在点 H 的切线,当 OH 和 HB 的斜率存在时,得到 $k_{OH} k_{HB} = -\dfrac{b^2}{a^2}$.

以上结论,可以类比扩展到焦点在 y 轴上的椭圆,以及双曲线.

基于圆锥曲线极点极线体系的定点定值问题

第一节　　圆的极点极线基本体系

反演的概念：设平面上有一个以 O 为圆心、R 为半径的圆，则平面上任意异于 O 的点 P，都存在平面上唯一的一点 Q 满足：

(1) O,P,Q 共线且 P,Q 位于 O 的同侧；

(2) $|OP||OQ|=R^2$.

定义 P 和 Q 互为关于圆 O 的反演点，我们称 O 是这个反演变换的反演中心，R^2 叫作这个反演变换的反演幂.

配极变换将每个异于 O 的点映射到一条不过 O 的直线，称为这个点对应的极线.反过来,将不过 O 的直线映到异于 O 的点,称为这条直线对应的极点.

设点 P 关于反演圆 O 的反演像为 Q,则可以得到 O,P,Q 共线,定义过点 Q 且和直线 OPQ 垂直的直线为点 P 的极线.

如图15所示,点 P 的极线是直线 MQ,点 Q 的极线是 RP.

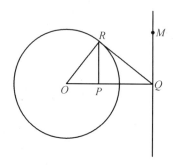

图 15

思考 1

我们可以看到,这个映射确实是客观存在的. 它是我们研究仿射变换的基石,将在本书后面依托这个仿射变换进行深入研究. 同时,请读者将点 P 的位置放在圆内、圆上和圆外三个位置,根据我们所给的映射,分析极线的位置,能得出怎样的结论?

我们现在来研究在坐标意义下圆的极点极线方程.

为了便于叙述问题,我们研究圆心在原点的单位

圆. 这样, 其他的圆的问题, 经过平移和简单的仿射变换可以迅速解决.

　　研究如图 16 所示的情形, 点 $P(x_0, y_0)$ 是圆内的一点, 点 $Q(x_1, y_1)$ 是点 P 关于单位圆的反演点, 则过 Q 且与 PQ 垂直的直线方程是极线方程. 我们将求解出极线方程的表达形式.

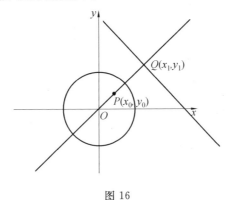

图 16

　　首先, 根据题意, 可得到 $|OP| |OQ| = 1$, 设直线 PQ 的斜率为 k, 可得

$$|OP| = \sqrt{1+k^2}\,|x_0|, \quad |OQ| = \sqrt{1+k^2}\,|x_1|$$

所以得到

$$|x_0 x_1| = \frac{1}{1+k^2}$$

同时

$$|OP| = \sqrt{1+\frac{1}{k^2}}\,|y_0|, \quad |OQ| = \sqrt{1+\frac{1}{k^2}}\,|y_1|$$

所以得到

$$|y_1 y_0| = \frac{k^2}{1+k^2}$$

因为

$$k_{PQ} = \frac{y_0}{x_0}$$

所以得到点 P 的极线方程为

$$y - y_1 = -\frac{x_0}{y_0}(x - x_0)$$

也即

$$x_0 x + y_0 y = x_0 x_1 + y_0 y_1$$

根据反演点的特征,它们必然在原点同一侧,也即它们必然在同一象限或者坐标轴,所以

$$\mid x_0 x_1 \mid = x_0 x_1 = \frac{1}{1+k^2}, \mid y_1 y_0 \mid = y_1 y_0 = \frac{k^2}{1+k^2}$$

这样得到

$$x_0 x + y_0 y = x_0 x_1 + y_0 y_1 = 1$$

以上也可以用向量证明,使用向量点乘可证,即

$$\overrightarrow{OP} \cdot \overrightarrow{OQ} = x_0 x_1 + y_0 y_1 = 1 = \mid OP \mid \mid OQ \mid$$

在以上讨论中,都是默认所有斜率存在,下面我们讨论一些特殊情况.

当点 P 在 y 轴上时,则可以得到 $y_0 y_1 = 1, y_1 = \frac{1}{y_0}$,所以得到点 P 的极线方程为 $y = \frac{1}{y_0}$,这和 $x_0 x + y_0 y = 1$ 是一致的.

当点 P 在 x 轴上时,则同理可以得到 $x = \frac{1}{x_0}$,这和 $x_0 x + y_0 y = 1$ 也是一致的.

当点 P 在圆外时,同理,仍然能够得到这个方程,如果读者已经读懂上述过程,就可以轻易地完成它,加

60

油!

现在,要将这个基本图形进行仿射变换,使之变为一般情况下的圆.

已知的圆为 $s^2 + t^2 = 1$,设旧坐标为 (s,t),新坐标为 (x,y).

如果要得到圆 $(x-a)^2 + (y-b)^2 = r^2 (r > 0$,且 r 为半径),那么我们规定新旧坐标的关系是

$$\begin{cases} x = rs + a \\ y = rt + b \end{cases}$$

我们将这个坐标关系用在新旧极线上,旧的极线方程为 $s_0 s + t_0 t = 1$,旧的圆的方程为 $s^2 + t^2 = 1$.

设原来的 (s,t) 变换之后为 (x,y),则 (s_0, t_0) 变换之后为 (x_0, y_0),所以有

$$\begin{cases} x = rs + a \\ y = rt + b \end{cases}$$

$$\begin{cases} x_0 = rs_0 + a \\ y_0 = rt_0 + b \end{cases}$$

这样,将 $s_0 s + t_0 t = 1$,根据变换关系代入,得到

$$\frac{(x_0 - a)}{r} \frac{(x-a)}{r} + \frac{(y_0 - b)}{r} \frac{(y-b)}{r} = 1$$

得到最终结果为

$$(x_0 - a)(x - a) + (y_0 - b)(y - b) = r^2$$

于是,我们得到了一般情况下圆的极点极线方程.

特别说明,圆上一点的反演点就是其本身,它的极线是圆在这一点处的切线. 这暗示切线是极点极线体系的一部分. 我们会在下一节将这个结论推广至椭

圆,之后将会在很多问题中看到极点极线体系的强大力量.

第二节　椭圆的极点极线基本体系

本节中,我们研究的主要对象是椭圆.为了研究方便,研究的是中心在原点、焦点在 x 轴上的椭圆.我们可设其标准方程 $\dfrac{x^2}{a^2}+\dfrac{y^2}{b^2}=1(a>b>0)$.

在上一节中,我们得到点 (s_0,t_0),关于圆 $s^2+t^2=1$ 的极线方程是 $s_0 s+t_0 t=1$.

接下来利用仿射变换得到椭圆的极线方程.首先根据我们的问题描述,旧坐标是 (s,t),新坐标 (x,y),得到新旧坐标之间的关系

$$\begin{cases} x=as \\ y=bt \end{cases}$$

$$\begin{cases} x_0=as_0 \\ y_0=bt_0 \end{cases}$$

旧坐标的极线方程为 $s_0 s+t_0 t=1$,根据已知,可以得到

$$\frac{x_0}{a}\frac{x}{a}+\frac{y_0}{b}\frac{y}{b}=1$$

得到 (x_0,y_0)(非原点)关于椭圆

$$\frac{x^2}{a^2}+\frac{y^2}{b^2}=1(a>b>0)$$

的极线方程为

$$\frac{x_0 x}{a^2}+\frac{y_0 y}{b^2}=1$$

特别强调,椭圆上一点的极线就是椭圆在这点处的切线.

我们还有一个需要解决的、重要的问题.

比如,对于椭圆 $\dfrac{x^2}{a^2} + \dfrac{y^2}{b^2} = 1(a > b > 0)$,在椭圆内部有一点 (x_0, y_0),根据前面的结论,我们知道 $\dfrac{x_0 x}{a^2} + \dfrac{y_0 y}{b^2} = 1$ 是与椭圆相离的对应的一条极线. 读者能否证明:若在 $\dfrac{x_0 x}{a^2} + \dfrac{y_0 y}{b^2} = 1$ 上任取一点 (x_1, y_1),作新的点 (x_1, y_1) 关于椭圆的极线,该极线必然经过点 (x_0, y_0)?

如图 17 所示,可以得到以下事实:设点 $G(x_0, y_0)$,它的极线是直线 AD,点 $A(x_1, y_1)$ 的极线为直线 BC,点 $D(x_2, y_2)$ 的极线为直线 EF,可得 BC 和 EF 均经过 $G(x_0, y_0)$.

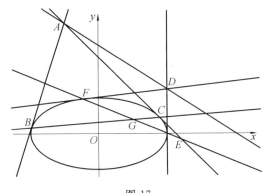

图 17

下面我们证明这个事实.

63

首先,点 G 的极线方程为

$$\frac{x_0 x}{a^2} + \frac{y_0 y}{b^2} = 1$$

因为点 A,D 都在这条极线上,所以它们的坐标满足极线方程,故得到

$$\frac{x_1 x_0}{a^2} + \frac{y_1 y_0}{b^2} = 1, \frac{x_2 x_0}{a^2} + \frac{y_2 y_0}{b^2} = 1$$

我们可以得到点 A 的极线 BC 的方程为

$$\frac{x_1 x}{a^2} + \frac{y_1 y}{b^2} = 1$$

同时得到点 D 的极线 EF 的方程为

$$\frac{x_2 x}{a^2} + \frac{y_2 y}{b^2} = 1$$

很显然,点 G 在 BC 上,也在 EF 上. 所以,点 G 是 BC 和 EF 的交点.

第三节　　极点极线体系研究等角问题

在高考题目中,有很多证明角相等的问题.

例 1　对于抛物线 $C:y^2 = 2px(p > 0)$ 焦点为 F,过 F 的直线 l 与曲线 C 相交于 A,B 两点,$M\left(-\frac{p}{2}, 0\right)$,$O$ 为坐标原点,证明:$\angle OMA = \angle OMB$.

例 2　对于椭圆 $C:\frac{x^2}{a^2} + \frac{y^2}{b^2} = 1(a > b > 0)$ 的右焦点为 F,过 F 的直线 l 与 C 交于 A,B 两点,$M\left(\frac{a^2}{c}, 0\right)$,$O$ 为坐标原点,证明:$\angle OMA = \angle OMB$.

例 3 已知在平面直角坐标系 xOy 中,曲线 C:$y = \dfrac{x^2}{4}$ 与直线 $y = kx + a \, (a > 0)$ 交于 M, N 两点.

(1) 当 $k = 0$ 时,分别求 C 在点 M 和点 N 处的切线方程;

(2) y 轴上是否存在点 P,使得当 k 变动时,总有 $\angle OPM = \angle OPN$?请说明理由.

例 4 设椭圆 $C: \dfrac{x^2}{2} + y^2 = 1$ 的右焦点为 F,过点 F 的直线 l 与椭圆 C 交于 A, B 两点,点 M 的坐标为 $(2, 0)$.

(1) 当 l 与 x 轴垂直时,求直线 AM 的方程;

(2) 设 O 为坐标原点,求证:$\angle OMA = \angle OMB$.

常规做题策略就是证明斜率或者反斜率相等,或者互为相反数.

其实,这本质就是在极点极线体系下的推论. 在之前的内容中,我们知道圆锥曲线的焦点成为极点时,它对应的准线就是极线. 本节例 1 中,直线 AB 经过焦点,它的端点和极线与 x 轴的交点形成的角,被 x 轴平分. 本节例 2 中,直线 AB 经过焦点,它的端点和极线与 x 轴的交点形成的角,被 x 轴平分. 例 3 和例 4 与例 1 和例 2 同理.

我们从几何角度重点说明例 1 和例 2 的问题. 如果读者能够理解以下对例 1 和例 2 的分析与解答,那么例 3 和例 4 就比较简单了. 接下来请读者独立完成例 3 和例 4.

例1:首先,我们作出抛物线的图像(图18).

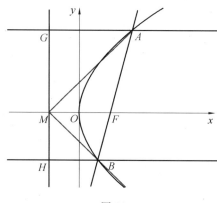

图18

过 A 作 AG ⊥ GH 于 G,过 B 作 BH ⊥ HG 于 H.
根据

$$\frac{GM}{MH} = \frac{AF}{FB} = \frac{AG}{BH}$$

得到

$$\triangle MGA \backsim MHB$$

所以

$$\angle AMG = \angle BMH$$

所以 ∠AMF = ∠BMF,证完!

例2:首先,作出符合题意的图像(图19).

由点 A 作 AG ⊥ GH 于 G,过 B 作 BH ⊥ HG 于 H. 根据

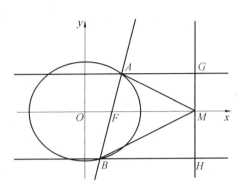

图 19

$$\frac{GM}{MH} = \frac{AF}{FB} = \frac{AG}{BH}$$

可以得到

$$\triangle MGA \backsim MHB$$

所以

$$\angle AMG = \angle BMH$$

所以 $\angle AMF = \angle BMF$,证完!

看起来到现在,我们已经完成了任务,的确,如果从完成题目的角度讲,已经解决了问题.但是,极点极线体系仍然没有发挥它真正的作用,接下来就可以看到极点极线体系能够对这个问题带来怎样的研究思路.

现在单独看本节例 2,焦点和准线能够产生角相等.其实,在椭圆当中,我们可以将其推广为 $F(m,0)$, $M\left(\frac{a^2}{m},0\right)$,等角的结论仍然成立,即 $\angle AMF = \angle BMF$.

我们这次使用仿射变换研究这个新问题.首先,

67

可以通过仿射变换,将椭圆变成单位圆,$F(m,0)$ 仿射成为 x 轴上的一个极点,直线 GH 仿射成为对应的圆的极线.

 思考 1

在常规的等角问题的处理中,一般情况下要考虑利用斜率互为相反数或者斜率相等来进行研究. 斜率是处理解析几何位置关系当中非常重要的一个量. 当我们描述解析几何的位置关系的时候,经常使用斜率来处理和转化问题.

如图 20 所示,根据极点极线体系,可以得知 $|OF'||OM'|=1$,同时,因为

$$|A'F'||F'B'|=1-|OF'|^2$$
$$=|OF'||OM'|-|OF'|^2$$
$$=|OF'|(|OM'|-|OF'|)$$
$$=|OF'||F'M'|$$

所以,我们发现 O,A',B',M' 四点共圆,且

$$|OA'|=|OB'|=1$$

所以得到

$$\angle OM'A'=\angle OM'B'$$

那么,我们可以得到直线 $A'M'$ 和 $B'M'$ 的斜率互为相反数.

根据第四章第一节仿射变换的基本公式,可知,当将单位圆再仿射成椭圆时,斜率仍然互为相反数,原命题得证.

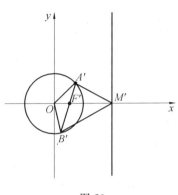

图 20

第四节　极点极线体系研究定点定值问题

极点极线体系的强大之处就在于它和一系列基本图形有着天然的联系. 这种联系是我们需要去探索的.

例 1　已知 A,B 分别为椭圆 $E:\dfrac{x^2}{a^2}+y^2=1(a>1)$ 的左、右顶点，G 为 E 的上顶点，$\overrightarrow{AG}\cdot\overrightarrow{GB}=8$，$P$ 为直线 $x=6$ 上的动点，PA 与 E 的另一交点为 C，PB 与 E 的另一交点为 D.

（1）求椭圆 E 的方程；

（2）证明：直线 CD 过定点.

分析与解答

（1）$\dfrac{x^2}{9}+y^2=1.$

（2）使用仿射变换将问题变为圆解决.

经过仿射变换，将椭圆变成单位圆 $x^2+y^2=1$，直线变为 $x=2$，设点 $P(2,m)$，可以得到 $k_{BD}=m$，$k_{AC}=\dfrac{m}{3}$，所以 $k_{BD}=3k_{AC}$，因为 $k_{AC}k_{BC}=-1$，所以 $k_{BC}k_{BD}=-3$，设直线 BD 方程为 $A(x-1)+By=1$，圆的方程为

$$((x-1)+1)^2+y^2=1$$

将直线方程和圆的方程齐次化联立，可得

$$(2A+1)(x-1)^2+y^2+2B(x-1)y=0$$

也即

$$\left(\frac{y}{x-1}\right)^2+2B\frac{y}{x-1}+(2A+1)=0$$

所以得到 $2A+1=-3$，解得 $A=-2$，所以直线过定点 $\left(\dfrac{1}{2},0\right)$.

所以经过仿射变换还原回去，得到定点为 $\left(\dfrac{3}{2},0\right)$.

我们发现，其实答案就是题目中直线所对应的极点，不论在仿射前后都是这种关系.

所以本题有一个快速出答案的解法，就是将 $x=6$ 与方程 $\dfrac{x_0x}{9}+y_0y=1$ 比较系数，令 $y_0=0$，同时 $x=\dfrac{9}{x_0}=6$，即得到题目答案. 但是这个解法并不在考场上适用，因为这里涉及到与极点极线有关的另一些知识，就是调和点列的内容.

如图 21 所示,发现,根据题意,可以得到 $\dfrac{EB}{BF}=\dfrac{EA}{AF}=$ $\dfrac{1}{2}$,我们发现,线段 EF 被 AB 调和分割了！所以,根据调和分割的理论,我们可以得到 AC 和 BC 作为角平分线出现,所以这个单位圆是基于线段 EF 的阿波罗尼斯圆. 根据阿波罗尼斯圆的性质,我们知道,AB 调和分割 EF,同时 EF 也调和分割 AB,因为 AB 长为定值,且点 F 固定,所以点 E 的位置必然是固定的. 以上内容请读者们深入思考.

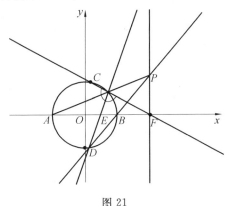

图 21

所以说,这道题目的背景是非常深刻的. 本书简单讨论此题,仅是为了抛砖引玉,欢迎读者有更好的想法,一起交流.

第五节　　对极点极线体系的再思考

极点极线的问题基本上我们已经有所了解,但是,解决完这个问题之后不由得让人想到一个问题:极点的呈现形式的一般情况是什么样的? 在圆锥曲线的一般状态下它具备什么样的特性? 本节将探讨这个问题. 所以,我们研究的对象是一类的圆锥曲线系方程 $\Gamma:Ax^2+Bxy+Cy^2+Dx+Ey+F=0$. 为了说明问题,本问题使用的是曲线系方法,请大家初步感知. 在第五章中,我们会具体谈到用曲线系的思想解题.

设四边形 $ABDC$ 是圆锥曲线 Γ 的内接四边形,如图 22 所示.

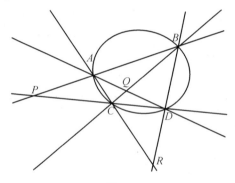

图 22

设 AB 与 CD 交于点 $P(x_1,y_1)$,AD 与 BC 交于点 $Q(x_2,y_2)$,AC 与 BD 交于点 $R(x_3,y_3)$.

设直线

$$\begin{cases} AB:m_1(x-x_1)+n_1(y-y_1)=0 \\ CD:p_1(x-x_1)+q_1(y-y_1)=0 \\ AD:m_2(x-x_2)+n_2(y-y_2)=0 \\ BC:p_2(x-x_2)+q_2(y-y_2)=0 \end{cases}$$

经过点 A,B,C,D 的二次曲线可写为

$$\lambda \left[m_1 (x - x_1) + n_1 (y - y_1) \right] \cdot$$
$$\left[p_1 (x - x_1) + q_1 (y - y_1) \right] +$$
$$\mu \left[m_2 (x - x_2) + n_2 (y - y_2) \right] \cdot$$
$$\left[p_2 (x - x_2) + q_2 (y - y_2) \right] = 0$$

设

$$G_1 = \lambda \left[m_1 (x - x_1) + n_1 (y - y_1) \right] \cdot$$
$$\left[p_1 (x - x_1) + q_1 (y - y_1) \right]$$
$$G_2 = \mu \left[m_2 (x - x_2) + n_2 (y - y_2) \right] \cdot$$
$$\left[p_2 (x - x_2) + q_2 (y - y_2) \right]$$

展开成如下形式

$$G_1 = A_1 x^2 + B_1 xy + C_1 y^2 + D_1 x + E_1 y + F_1$$
$$G_2 = A_2 x^2 + B_2 xy + C_2 y^2 + D_2 x + E_2 y + F_2$$
$$\Gamma = G_1 + G_2$$

研究 G_1，可得代换关系

$$D_1 = -2 A_1 x_1 - B_1 y_1$$
$$E_1 = -B_1 x_1 - 2 C_1 y_1$$
$$F_1 = A_1 x_1^2 + B_1 x_1 y_1 + C_1 y_1^2$$

代入以下方程

$$A_1 x_1 x + B_1 \frac{x_1 y + x y_1}{2} + C_1 y_1 y +$$
$$D_1 \frac{x + x_1}{2} + E_1 \frac{y + y_1}{2} + F_1 = 0$$

验证可知其成立.

可以得到

$$A_1 x_1 x_2 + B_1 \frac{x_1 y_2 + x_2 y_1}{2} + C_1 y_1 y_2 +$$
$$D_1 \frac{x_2 + x_1}{2} + E_1 \frac{y_2 + y_1}{2} + F_1 = 0$$

同理,可以得到

$$A_2 x_1 x_2 + B_2 \frac{x_1 y_2 + x_2 y_1}{2} + C_2 y_1 y_2 +$$

$$D_2 \frac{x_2 + x_1}{2} + E_2 \frac{y_2 + y_1}{2} + F_2 = 0$$

将以上两式相加得到

$$A x_1 x_2 + B \frac{x_1 y_2 + x_2 y_1}{2} + C y_1 y_2 +$$

$$D \frac{x_2 + x_1}{2} + E \frac{y_2 + y_1}{2} + F = 0$$

同理,可以得到点 Q,R 坐标满足的关系

$$A x_3 x_2 + B \frac{x_3 y_2 + x_2 y_3}{2} + C y_2 y_3 +$$

$$D \frac{x_2 + x_3}{2} + E \frac{y_2 + y_3}{2} + F = 0$$

根据两点确定一条直线的原理:可得直线 PR 的方程为

$$A x_2 x + B \frac{x y_2 + x_2 y}{2} + C y_2 y +$$

$$D \frac{x_2 + x}{2} + E \frac{y_2 + y}{2} + F = 0$$

类比于以上研究,同理可以证得 QR 为

$$A x_1 x + B \frac{x y_1 + x_1 y}{2} + C y_1 y +$$

$$D \frac{x_1 + x}{2} + E \frac{y_1 + y}{2} + F = 0$$

所以,我们得到了极点极线的又一特征:当圆锥曲线内接四边形对角线交点为定点时,可得它的两组对边相交于两点后,由两点确定一条直线,这条直线就是这个

定点的极线.

　　这说明,点 P 的运动轨迹也是这条直线. 当这个点确定时,极线也是确定的. 当极线确定时,极点的坐标也唯一确定. 在很多高考题中,基本都是先给定极线,这样就暗示:从极线上任意一点作圆锥曲线的两条割线,则其对角线必过定点,定点就是对角线的交点. 这是一条非常重要的原理. 同时,这也说明对角线所对圆锥曲线张角的两直线斜率乘积为定值.

　　同时,如图 22 所示,当点 P 为定点时,可以得到 QR 为定直线,也是点 P 的极线.

　　至此,我们完善了对极点极线思想体系的基本阐述. 这不仅对于解题有帮助,对于命题来讲也能够开拓思路,希望大家把以上思想运用到对于问题的思考学习中,相信会有很大的收获.

解决圆锥曲线问题的其他思想

第五章

第一节　　半几何半代数的思想
解决圆锥曲线问题

　　解析几何归根结底仍然属于几何问题. 有时候,解析几何利用代数计算几何的思路走不下去,或者计算的门槛比较高,我们可以借助平面几何的定理上的推导,简化结论,降低代数计算的门槛. 其实在之前的第三章当中,我们已经渗透了这种解析几何解题意识,当把椭圆的问题归结到圆上时,我们就可以借助圆当中的几何定理. 本节再看几个实例,来阐述对于"半几何半代数"思想的运用.

例 1　（2020 年高考数学试卷（北京卷）第 20 题）

如图 23 所示，已知椭圆 C：$\dfrac{x^2}{a^2} + \dfrac{y^2}{b^2} = 1$，过点 $A(-2,-1)$，且 $a = 2b$.

（1）求椭圆 C 的方程；

（2）过点 $B(-4,0)$ 的直线 l 交椭圆 C 于点 M，N，直线 MA，NA 分别交直线 $x = -4$ 于点 P，Q，求 $\left|\dfrac{PB}{BQ}\right|$ 的值.

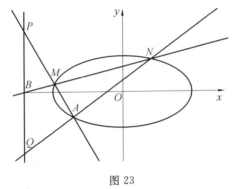

图 23

思考 1

梅涅劳斯定理是平面几何当中的重要定理，这个定理的主要内容如下：

如图 24 所示，$\triangle ABC$ 被直线 DFE 所截，有以下的比例关系式：

$$\left|\dfrac{AD}{DB}\right| \cdot \left|\dfrac{BE}{EC}\right| \cdot \left|\dfrac{CF}{FA}\right| = 1$$

证明不难，比如过 A 作 DFE 的平行线，利用相似和平

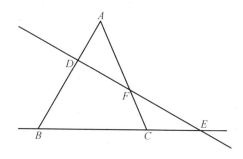

图 24

行线分线段成比例定理即可证明. 观察这道题, 如果对这个定理熟悉, 便不难想到使用该定理.

（1）根据题目条件, 容易得到椭圆方程为: $\dfrac{x^2}{8} + \dfrac{y^2}{2} = 1$.

（2）$\triangle PAQ$ 被直线 BMN 所截, 可以由梅涅劳斯定理, 得到比例关系式

$$\frac{\mid PB \mid}{\mid BQ \mid} \cdot \frac{\mid QN \mid}{\mid NA \mid} \cdot \frac{\mid AM \mid}{\mid MP \mid} = 1$$

设直线 MN 的方程为 $y = kx + 4$, 设 $M(x_1, y_1)$, $N(x_2, y_2)$, 因为

$$\frac{\mid QN \mid}{\mid NA \mid} = \frac{\mid x_2 + 4 \mid}{\mid x_2 + 2 \mid}$$

$$\frac{\mid AM \mid}{\mid MP \mid} = \frac{\mid -2 - x_1 \mid}{\mid x_1 + 4 \mid}$$

所以

$$\frac{\mid PB \mid}{\mid BQ \mid} = -\frac{x_1 x_2 + 4x_2 + 2x_1 + 8}{x_1 x_2 + 4x_1 + 2x_2 + 8}$$

思考 2

我们首先根据平面几何的定理给出了代数表达式,同时处理线段的比例关系,这是一个很典型的用"一类"坐标处理,这里的"一类",指的是纯粹的横坐标或者纵坐标来描述比例关系. 所以对于这道题目而言,使用横坐标来描述线段比例,而不是横、纵坐标都用. 这正是第一章所重点阐述的内容,如果读者还不熟悉,请返回第一章的第一节,那里解释的非常清楚.

联立

$$\begin{cases} \dfrac{x^2}{8} + \dfrac{y^2}{2} = 1 \\ y = kx + 4 \end{cases}$$

可得

$$(1 + 4k^2)\,x^2 + 32k^2 x + 64k^2 - 8 = 0$$

韦达定理

$$\begin{cases} x_1 + x_2 = -\dfrac{32k^2}{1 + 4k^2} \\ x_1 x_2 = \dfrac{64k^2 - 8}{1 + 4k^2} \end{cases}$$

接下来计算

$$\frac{|PB|}{|BQ|} = -\frac{x_1 x_2 + 4x_2 + 2x_1 + 8}{x_1 x_2 + 4x_1 + 2x_2 + 8}$$

首先处理这个式子的分子

$$x_1 x_2 + 4x_2 + 2x_1 + 8$$

$$= \frac{64k^2 - 8}{1 + 4k^2} + 4\left(-\frac{32k^2}{1 + 4k^2} - x_1\right) + 2x_1 + 8$$

79

$$= -\frac{32k^2}{1+4k^2} - 2x_1$$

接下来处理这个式子的分母

$$x_1x_2 + 4x_1 + 2x_2 + 8$$

$$= \frac{64k^2 - 8}{1+4k^2} + 4x_1 + 2\left(-\frac{32k^2}{1+4k^2} - x_1\right) + 8$$

$$= \frac{32k^2}{1+4k^2} + 2x_1$$

所以得到

$$\frac{|PB|}{|BQ|} = -\frac{x_1x_2 + 4x_2 + 2x_1 + 8}{x_1x_2 + 4x_1 + 2x_2 + 8} = 1$$

思考 3

本题最后关于坐标的处理,是一个"不对称"的式子. 所谓"不对称",就是指 x_1 和 x_2 的数量不对等,不能一次性套用韦达定理解决求值问题. 请读者认真观察解题过程,我们使用了"消元"思想,在一个不对称的式子中,消去 x_1 或者 x_2,这样,最后统一为一个变元的问题,而且要坚信,如果分子分母成比例,最终的运算结果必然具备很强的一致性. 以上都是非常重要的想法,请读者认真体会.

第二节　参数方程思想解决圆锥曲线问题

例 1　(《中等数学》2020 年增刊 1 全国高中数学联合竞赛模拟题 10,第 10 题)设椭圆 $\dfrac{x^2}{a^2} + \dfrac{y^2}{b^2} =$

$1(a>b>0)$,P 为椭圆 E 外的任意一点. 过 P 作两条直线 l_1,l_2,分别与椭圆交于点 A 与 B,点 C 与 D. 若直线 l_1,l_2 的倾斜角分别为 α,β,且 $\alpha+\beta=\pi$,AD 与 BC 交于点 Q,证明：$QA \cdot QD = QB \cdot QC$.

分析与解答

结合已知,设

$$l_1:\begin{cases} x=x_0+t\cos\alpha \\ y=y_0+t\sin\alpha \end{cases}(t \text{ 为参数})$$

$$l_2=\begin{cases} x=x_0+s\cos\beta \\ y=y_0+s\sin\beta \end{cases}(s \text{ 为参数})$$

A,B,C,D 四点的参数分别为 t_1,t_2,s_1,s_2,将 l_1 和椭圆方程联立

$$\begin{cases} \dfrac{x^2}{a^2}+\dfrac{y^2}{b^2}=1(a>b>0) \\ x=x_0+t\cos\alpha \\ y=y_0+t\sin\alpha \end{cases}$$

代入得到

$$(b^2\cos^2\alpha+a^2\sin^2\alpha)t^2+2(b^2x_0\cos\alpha+a^2y_0\sin\alpha)t+(b^2x_0^2+a^2y_0^2-a^2b^2)=0$$

得到

$$t_1t_2=\frac{b^2x_0^2+a^2y_0^2-a^2b^2}{b^2\cos^2\alpha+a^2\sin^2\alpha}$$

同理可得

$$s_1s_2=\frac{b^2x_0^2+a^2y_0^2-a^2b^2}{b^2\cos^2\beta+a^2\sin^2\beta}$$

可得

$$t_1 t_2 - s_1 s_2 = 0$$

所以

$$| PA | | PB | = | PC | | PD |$$

可得 A,B,C,D 四点共圆，所以

$$| QA | | QD | = | QB | | QC |$$

 思考 1

首先，本题是一个偏向一般化的结论，所以在证明时对计算量有要求. 本题主要运算的对象仍然是弦长，我们本次处理弦长和之前有所不同，但在处理时使用了直线的参数方程 $\begin{cases} x = x_0 + t\cos\theta \\ y = y_0 + t\sin\theta \end{cases}$，直线的参数方程当中 t 的几何意义是，$| t |$ 表示直线上任意一点到 (x_0, y_0) 的两点间距离.

其次，题目的结论本质上就是证明四点共圆，对于本题，证明四点共圆的方式和手段就是利用"割线定理的逆定理"，如果证明出 $| PA | | PB | = | PC | | PD |$，那么得到 A,B,C,D 四点共圆. 所以，到现在读者应该能够明白，解析几何不仅仅是纯粹的代数计算了，通过平面几何知识判断计算的方向性显得更为重要.

第三节　曲线系思想解决圆锥曲线问题

例 1　如图 25 所示，已知 O 为坐标原点，F 为椭圆

82

$C: x^2 + \dfrac{y^2}{2} = 1$ 在 y 轴正半轴的焦点,过 F 且斜率为 $-\sqrt{2}$ 的直线 l 与 C 相交于 A,B 两点,点 P 满足 $\overrightarrow{OA} + \overrightarrow{OB} + \overrightarrow{OP} = \mathbf{0}$.

(1) 证明:点 P 在 C 上;

(2) 设点 P 关于点 O 的对称点为 Q,证明:A,P,B,Q 四点在同一圆上.

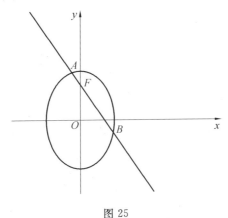

图 25

分析与解答

(1) 设 $A(x_1, y_1), B(x_2, y_2)$,同时直线 $l: y = -\sqrt{2}x + 1$,与椭圆方程 $x^2 + \dfrac{y^2}{2} = 1$ 联立,可得

$$x_1 = \frac{\sqrt{2} - \sqrt{6}}{4}, \quad x_2 = \frac{\sqrt{2} + \sqrt{6}}{4}$$

所以

$$P(-(x_1 + x_2), -(y_1 + y_2))$$

所以得到点 $P\left(-\dfrac{\sqrt{2}}{2},-1\right)$，满足椭圆方程．

（2）直线 PQ 方程 $\sqrt{2}\,x-y=0$，直线 AB 的方程为

$$\sqrt{2}\,x+y-1=0$$

过 A,P,B,Q 四点的二次曲线为

$$2x^2+y^2-2+\lambda\left(\sqrt{2}\,x+y-1\right)\left(\sqrt{2}\,x-y\right)=0$$

得到

$$(2+2\lambda)x^2+(1-\lambda)y^2-\lambda\left(\sqrt{2}\,x-y\right)-2=0$$

该方程表示圆，可以得到 $2+2\lambda=1-\lambda$，即 $\lambda=-\dfrac{1}{3}$，二

次曲线方程为 $4x^2+4y^2+\sqrt{2}\,x-y-6=0$，得到这个方程即为 A,P,B,Q 所在的圆的方程．

 思考 1

这是一道用曲线系方法解决的典型问题．以上曲线系为"交点曲线系"，也即交点曲线系的所有构成部分均经过已知点．我们可以看到，这些点在圆锥曲线上，同时也在题目中的两条直线上．这样，已知这四点在同一圆上，可以定下来曲线系当中的参数．这样的计算量相对较小．

第四节　统一定义思想解决圆锥曲线问题

圆锥曲线在极坐标的统一定义是：$\rho=\dfrac{ep}{1-e\cos\theta}$

以焦点为极点,离心率为 e,焦点到相应准线的距离为 p.

例1 (2014年全国高中数学联赛一试(A卷)第6题)设椭圆 Γ 的两个焦点是 F_1,F_2,过点 F_1 的直线与 Γ 相交于点 P,Q. 若 $|PF_2|=|F_1F_2|$,且 $3|PF_1|=4|QF_1|$,则椭圆 Γ 的短轴与长轴的比值为多少?

设直线 PQ 倾斜角为 θ,可以得到

$$|PF_1|=\frac{ep}{1-e\cos\theta}$$

$$|QF_1|=\frac{ep}{1-e\cos(\pi+\theta)}=\frac{ep}{1+e\cos\theta}$$

结合 $3|PF_1|=4|QF_1|$,得到 $e\cos\theta=\frac{1}{7}$.

根据 $|PF_2|=|F_1F_2|$,得到 $|PF_1|=4c\cos\theta$,也即 $2a-2c=4c\cos\theta$,也即 $1-e=e\cos\theta$,所以 $e=\frac{5}{7}$,所以短轴与长轴的比值为 $\frac{b}{a}=\frac{2\sqrt{6}}{7}$.

 思考1

这种解法的特点是把圆锥曲线题的几何属性充分挖掘,避免使用两点间距离公式,把焦半径、倾斜角和离心率有机联系在一起. 经常使用这个结论做小题或者大题会有非常神奇的效果. 这个表达式基于圆锥曲线第二定义但是在使用时却比第二定义的使用范围更加广泛.

我们再来看一个例子.

例 2 过椭圆 $\dfrac{x^2}{a^2}+\dfrac{y^2}{b^2}=1(a>b>0)$ 的一个焦点 F 作与坐标轴不垂直的直线 l,交椭圆于 M,N 两点,MN 中垂线交 x 轴于点 D,证明:$\dfrac{\mid DF\mid}{\mid MN\mid}=\dfrac{e}{2}$.

分析与解答

本题可以直接使用直线与椭圆联立的传统代数方法解决,基本流程就是首先把过焦点的直线方程设出,联立之后求弦中点坐标. 这样可以写出中垂线方程,问题到这里基本清晰,接下来使用弦长公式,解决所有问题.

本题有一个很重要的特征,就是"过焦点". 这样我们可以使用圆锥曲线统一极坐标方程解决要求解的问题.

设 M 的极角为 θ,可以得到 $\mid MF\mid=\dfrac{ep}{1-e\cos\theta}$,同理,可得

$$\mid NF\mid=\frac{ep}{1+e\cos\theta}$$

设弦中点为 H,则

$$\mid FH\mid=\frac{\mid MF\mid-\mid NF\mid}{2}=\frac{e^2p\cos\theta}{1-e^2\cos^2\theta}$$

则

$$|DF| = \frac{|FH|}{\cos\theta} = \frac{e^2 p}{1 - e^2\cos^2\theta}$$

且

$$|MN| = |MF| + |NF| = \frac{2ep}{1 - e^2\cos^2\theta}$$

得到

$$\frac{|DF|}{|MN|} = \frac{e}{2}$$

至此，相信你已经对统一极坐标方程有了一定的认识，相信你能在相关的问题当中用好这些方程.

第五节　复数的思想方法解决圆锥曲线问题

例1　设复数 z 满足 $|z - \mathrm{i}| = 1$，z 在复平面内的对应点为 (x, y)，求 (x, y) 满足的轨迹方程.

本题的含义是在复平面内，到点 $(0, 1)$ 的距离为定值 1 的点的轨迹.

思考1

在复平面内，有一个公式非常重要，就是 $|z_1 - z_2|$ 的含义. 这个公式表示在复平面内的两点间距离. 解析几何研究曲线的基本思路是描述平面内点线构成的

数量关系和位置关系.

所以,现在已经有了一个基本的描述两点间距离的关键武器.

根据题意,可以得到该动点的轨迹方程为 $x^2 + (y-1)^2 = 1$.

例 2 证明:给定 A,B,C 三点,复数 $\dfrac{B-A}{C-A}$ 的辐角和 $\angle CAB$ 相等.

分析与解答

我们设 $B-A = a+b\mathrm{i}$ 且 $C-A = c+d\mathrm{i}$,则可以得到除法运算的结果为

$$\frac{ac+bd+(bc-ad)\,\mathrm{i}}{c^2+d^2}$$

根据向量运算的夹角公式,除法之前的夹角

$$\cos\angle CAB = \frac{ac+bd}{\sqrt{a^2+b^2}\,\sqrt{c^2+d^2}}$$

除法以后的复数辐角记为 θ,得到

$$\cos\theta = \frac{ac+bd}{\sqrt{(ac+bd)^2+(bc-ad)^2}}$$

$$= \frac{ac+bd}{\sqrt{a^2+b^2}\,\sqrt{c^2+d^2}}$$

则可以得到 $\theta = \angle CAB$,原命题得证.

思考 2

本题揭示的是向量除法的几何意义. 也就是说,

两个复数相除的辐角等价于它们复平面内向量的夹角.

本题要注意复平面内复数表示的自由属性. 在这一点上,它和常规的实数平面向量几乎没有区别. 在计算夹角的时候我们使用了平面向量的夹角公式.

经过这道题目的讨论,相信读者已经明白,我们已经有了描述点线位置关系的武器.

例 3 证明:给定 A,B,C,D 四点,若直线 AB 与 CD 垂直,则 $\dfrac{A-B}{C-D}$ 为纯虚数.

设

$$A-B=a+b\mathrm{i}$$
$$C-D=c+d\mathrm{i}$$

所以得到

$$\frac{A-B}{C-D}=\frac{a+b\mathrm{i}}{c+d\mathrm{i}}=\frac{ac+bd+(bc-ad)\mathrm{i}}{c^2+d^2}$$

结合向量点乘为 0,可得 $\dfrac{A-B}{C-D}$ 为纯虚数,也即

$$\frac{A-B}{C-D}+\frac{\overline{A}-\overline{B}}{\overline{C}-\overline{D}}=0$$

例 4 证明:给定 A,B,C 三点,若 $\dfrac{A-B}{A-C}-\dfrac{\overline{A}-\overline{B}}{\overline{A}-\overline{C}}$ $=0$,可得 A,B,C 三点共线.

类似地,根据例 3 的分析

$$\frac{A-B}{C-D}=\frac{a+bi}{c+di}=\frac{ac+bd+(bc-ad)i}{c^2+d^2}$$

结合向量共线的条件,可得 $bc-ad=0$,所以得到原命题成立.

思考 3

如果熟悉行列式的话,以上内容可以写为

$$\begin{vmatrix} A-B & \overline{A}-\overline{B} \\ A-C & \overline{A}-\overline{C} \end{vmatrix} = \begin{vmatrix} 1 & 0 & 0 \\ 1 & A-B & \overline{A}-\overline{B} \\ 1 & A-C & \overline{A}-\overline{C} \end{vmatrix}$$

$$= \begin{vmatrix} 1 & A & \overline{A} \\ 1 & B & \overline{B} \\ 1 & C & \overline{C} \end{vmatrix} = 0$$

例 5 判定复平面内构成凸四边形四点 $A,B,C,$

D 共圆的方法是: $\dfrac{\dfrac{A-C}{B-C}}{\dfrac{A-D}{B-D}}$ 为实数.

首先,根据平面几何的四点共圆的判定,可得

$\angle ACB = \angle ADB$，也就是说

$$\arg\left(\frac{A-C}{B-C}\right) = \arg\left(\frac{A-D}{B-D}\right)$$

说明 $\arg\left[\dfrac{\frac{A-C}{B-C}}{\frac{A-D}{B-D}}\right] = 0$，说明 $\dfrac{\frac{A-C}{B-C}}{\frac{A-D}{B-D}}$ 为实数．

限于篇幅，对复数的思想方法介绍就到这里，本节内容是最基本，也是最重要的结论，是深刻理解复数方法的基础，建议大家认真体会．

第六节　　平面几何的思想方法解决圆锥曲线问题

例1　（《中等数学》2020 年高中数学联赛模拟题 8）过双曲线 $x^2 - \dfrac{y^2}{4} = 1$ 的中心 O 作两条垂直的射线，与双曲线交于 A，B 两点，求弦 AB 的最小值．

如图 26 所示，作 $OH \perp AB$ 于 H，由勾股定理得到
$$AB^2 = OA^2 + OB^2$$

设 $OA : y = kx$，$OB : y = -\dfrac{1}{k}x$，可得

$$\frac{1}{OA^2} = \frac{4-k^2}{4(k^2+1)}，\frac{1}{OB^2} = \frac{4k^2-1}{4(k^2+1)}$$

得到

$$\frac{1}{OA^2} + \frac{1}{OB^2} = \frac{3}{4} = \frac{1}{OH^2}$$

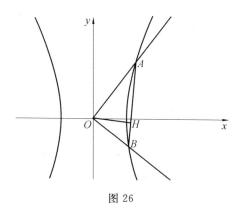

图 26

$$AB^2 = OA^2 + OB^2$$

$$= \frac{4}{3}(OA^2 + OB^2)\left(\frac{1}{OA^2} + \frac{1}{OB^2}\right) \geqslant \frac{16}{3}$$

所以 $AB \geqslant \frac{4}{3}\sqrt{3}$.

思考 1

本题主要涉及到的定理是射影定理. 也即

$$\frac{1}{OA^2} + \frac{1}{OB^2} = \frac{1}{OH^2}$$

其实点 H 的轨迹是一个圆,它的半径满足关系

$$\frac{1}{r^2} = \frac{1}{a^2} - \frac{1}{b^2} = \frac{3}{4}$$

这个圆可以看作与蒙日圆类似的一类圆. 具体题目可参考 2014 年广东高考理科数学第 20 题.

圆锥曲线思想的发展历史简述

第
六
章

圆锥曲线最早于公元前 4 至 5 世纪被发现，当时主要是在解决"立方倍积"问题和平面截取圆锥的问题中，发现圆锥曲线的存在.

对圆锥曲线的研究集大成者是古希腊的数学家阿波罗尼斯，他的著作《圆锥曲线论》是圆锥曲线研究中优秀的作品. 这部数学著作和欧几里得的《几何原本》一样，标志着古希腊数学的巅峰.

在《圆锥曲线论》中，已经将圆锥曲线的性质，以平面几何的方法研究透彻，我们现在所学习的所有内容，都包含在这部著作中. 在这部著作中，系统地介绍了圆锥曲线的定义、性质、作图方法、极点极线等非常全面的内容.

　　圆锥曲线在此以后,它的研究没有本质的突破,直到两门数学分支的兴起,一个是以笛卡儿为代表的"解析几何",另一个是以帕斯卡、笛沙格为代表的"射影几何". 这两门学科的到来,为圆锥曲线提供了新的研究方法,打开了新的研究思路. 同时,随着物理天文学的发现和微积分的创立,圆锥曲线作为一个重要研究对象参与到这些学科当中,为这些学科的研究提供新的思路和方法. 这类古老的数学曲线正显得越来越有生机,焕发出新的光彩.

　　推荐《近代欧氏几何学》这本几何经典教材,同时建议大家阅读《高等几何》《射影几何》进行搭配,读者便会对于圆锥曲线的内容有更加深刻的理解.

◎ 后记

近几年,随着高考和竞赛的改革,以及大学招生方式的逐渐改革,特别是清华大学和北京大学在强基计划数学方面所做的创新,说明了清华大学和北京大学等一流名校对于数学创新型人才渴求的态度. 在这种形势下,不仅仅是学生的学习模式、思维方式需要做出调整,教师作为教学思想的贯彻和执行者,更是需要重新思考和调整战略布局,要站在一定的高度上去调整教学策略和思想方法,本书就是要尽可能站在一定高度去解读,去思考一些问题.

本人从事高中数学教学工作和数学竞赛教学工作,撰写一本著作的想法很早就有了,但是因为较为繁重的教学任务,我很少有时间去书写自己的一些心得. 伴随着夜以继日的做题与演算,最终本书得以完成. 在这里我特别感谢我的妻子,是她的鼓励和支持使得我有条件完成本书的写作. 她也是一位人民教师,在数年如一日的教学生涯中,是她的陪伴让我觉得生活无比多彩. 同时我还要感谢我的父母及亲人,是在他们的帮助下我才有如此良好的学习条件.

　　教学的道路是很漫长的,本书虽然篇幅不长,但是这些都是我特别想去表述的内容,多年对于几何的痴迷使得我非常想撰写这样一本著作. 当撰写完本书时,我总有意犹未尽之感. 希望更多的同仁和我一起交流,我会不遗余力地把教学研究做好.

　　祝大家身体健康,工作顺利!

金　毅

2021 年 4 月 28 日

参考文献

[1] 于新华.二次曲线中极点与极线性质的初等证法[J].数学通讯,2020(24):40-41,57.

[2] 苏代辉.一个圆锥曲线统一性质的提炼、证明与推广[J].数学通讯,2020(06):48-50.

[3] 曹军.圆锥曲线上的定点定值子弦的性质——圆锥曲线顶点定值子弦性质的推广[J].中学数学研究(华南师范大学版),2013(19):19-21.

[4] 黄利兵,陆洪文.数学奥林匹克命题人讲座——解析几何[M].上海:上海科技教育出版社,2010.

[5] 蔡玉书.解析几何竞赛读本[M].合肥:中国科学技术大学出版社,2017.

[6]《中等数学》编辑部.2020年全国高中数学联合竞赛模拟题集[M].哈尔滨:哈尔滨工业大学出版社,2020.

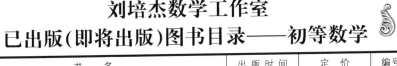
书　名	出版时间	定　价	编号
新编中学数学解题方法全书(高中版)上卷(第2版)	2018−08	58.00	951
新编中学数学解题方法全书(高中版)中卷(第2版)	2018−08	68.00	952
新编中学数学解题方法全书(高中版)下卷(一)(第2版)	2018−08	58.00	953
新编中学数学解题方法全书(高中版)下卷(二)(第2版)	2018−08	58.00	954
新编中学数学解题方法全书(高中版)下卷(三)(第2版)	2018−08	68.00	955
新编中学数学解题方法全书(初中版)上卷	2008−01	28.00	29
新编中学数学解题方法全书(初中版)中卷	2010−07	38.00	75
新编中学数学解题方法全书(高考复习卷)	2010−01	48.00	67
新编中学数学解题方法全书(高考真题卷)	2010−01	38.00	62
新编中学数学解题方法全书(高考精华卷)	2011−03	68.00	118
新编平面解析几何解题方法全书(专题讲座卷)	2010−01	18.00	61
新编中学数学解题方法全书(自主招生卷)	2013−08	88.00	261
数学奥林匹克与数学文化(第一辑)	2006−05	48.00	4
数学奥林匹克与数学文化(第二辑)(竞赛卷)	2008−01	48.00	19
数学奥林匹克与数学文化(第二辑)(文化卷)	2008−07	58.00	36'
数学奥林匹克与数学文化(第三辑)(竞赛卷)	2010−01	48.00	59
数学奥林匹克与数学文化(第四辑)(竞赛卷)	2011−08	58.00	87
数学奥林匹克与数学文化(第五辑)	2015−06	98.00	370
世界著名平面几何经典著作钩沉——几何作图专题卷(上)	2009−06	48.00	49
世界著名平面几何经典著作钩沉——几何作图专题卷(下)	2011−01	88.00	80
世界著名平面几何经典著作钩沉(民国平面几何老课本)	2011−03	38.00	113
世界著名平面几何经典著作钩沉(建国初期平面三角老课本)	2015−08	38.00	507
世界著名解析几何经典著作钩沉——平面解析几何卷	2014−01	38.00	264
世界著名数论经典著作钩沉(算术卷)	2012−01	28.00	125
世界著名数学经典著作钩沉——立体几何卷	2011−02	28.00	88
世界著名三角学经典著作钩沉(平面三角卷Ⅰ)	2010−06	28.00	69
世界著名三角学经典著作钩沉(平面三角卷Ⅱ)	2011−01	38.00	78
世界著名初等数论经典著作钩沉(理论和实用算术卷)	2011−07	38.00	126
发展你的空间想象力(第2版)	2019−11	68.00	1117
空间想象力进阶	2019−05	68.00	1062
走向国际数学奥林匹克的平面几何试题诠释.第1卷	2019−07	88.00	1043
走向国际数学奥林匹克的平面几何试题诠释.第2卷	2019−09	78.00	1044
走向国际数学奥林匹克的平面几何试题诠释.第3卷	2019−03	78.00	1045
走向国际数学奥林匹克的平面几何试题诠释.第4卷	2019−09	98.00	1046
平面几何证明方法全书	2007−08	35.00	1
平面几何证明方法全书习题解答(第2版)	2006−12	18.00	10
平面几何天天练上卷·基础篇(直线型)	2013−01	58.00	208
平面几何天天练中卷·基础篇(涉及圆)	2013−01	28.00	234
平面几何天天练下卷·提高篇	2013−01	58.00	237
平面几何专题研究	2013−07	98.00	258
几何学习题集	2020−10	48.00	1217
通过解题学习代数几何	2021−04	88.00	1301

刘培杰数学工作室
已出版(即将出版)图书目录——初等数学

书 名	出版时间	定 价	编号
最新世界各国数学奥林匹克中的平面几何试题	2007—09	38.00	14
数学竞赛平面几何典型题及新颖解	2010—07	48.00	74
初等数学复习及研究(平面几何)	2008—09	68.00	38
初等数学复习及研究(立体几何)	2010—06	38.00	71
初等数学复习及研究(平面几何)习题解答	2009—01	58.00	42
几何学教程(平面几何卷)	2011—03	68.00	90
几何学教程(立体几何卷)	2011—07	68.00	130
几何变换与几何证题	2010—06	88.00	70
计算方法与几何证题	2011—06	28.00	129
立体几何技巧与方法	2014—04	88.00	293
几何瑰宝——平面几何500名题暨1500条定理(上、下)	2021—07	168.00	1358
三角形的解法与应用	2012—07	18.00	183
近代的三角形几何学	2012—07	48.00	184
一般折线几何学	2015—08	48.00	503
三角形的五心	2009—06	28.00	51
三角形的六心及其应用	2015—10	68.00	542
三角形趣谈	2012—08	28.00	212
解三角形	2014—01	28.00	265
三角学专门教程	2014—09	28.00	387
图天下几何新题试卷.初中(第2版)	2017—11	58.00	855
圆锥曲线习题集(上册)	2013—06	68.00	255
圆锥曲线习题集(中册)	2015—01	78.00	434
圆锥曲线习题集(下册·第1卷)	2016—10	78.00	683
圆锥曲线习题集(下册·第2卷)	2018—01	98.00	853
圆锥曲线习题集(下册·第3卷)	2019—10	128.00	1113
论九点圆	2015—05	88.00	645
近代欧氏几何学	2012—03	48.00	162
罗巴切夫斯基几何学及几何基础概要	2012—07	28.00	188
罗巴切夫斯基几何学初步	2015—06	28.00	474
用三角、解析几何、复数、向量计算解数学竞赛几何题	2015—03	48.00	455
美国中学几何教程	2015—04	88.00	458
三线坐标与三角形特征点	2015—04	98.00	460
平面解析几何方法与研究(第1卷)	2015—05	18.00	471
平面解析几何方法与研究(第2卷)	2015—06	18.00	472
平面解析几何方法与研究(第3卷)	2015—07	18.00	473
解析几何研究	2015—01	38.00	425
解析几何学教程.上	2016—01	38.00	574
解析几何学教程.下	2016—01	38.00	575
几何学基础	2016—01	58.00	581
初等几何研究	2015—02	58.00	444
十九和二十世纪欧氏几何学中的片段	2017—01	58.00	696
平面几何中考.高考.奥数一本通	2017—07	28.00	820
几何学简史	2017—08	28.00	833
四面体	2018—01	48.00	880
平面几何证明方法思路	2018—12	68.00	913

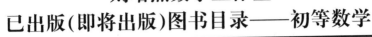

刘培杰数学工作室
已出版(即将出版)图书目录——初等数学

书　名	出版时间	定价	编号
平面几何图形特性新析.上篇	2019－01	68.00	911
平面几何图形特性新析.下篇	2018－06	88.00	912
平面几何范例多解探究.上篇	2018－04	48.00	910
平面几何范例多解探究.下篇	2018－12	68.00	914
从分析解题过程学解题:竞赛中的几何问题研究	2018－07	68.00	946
从分析解题过程学解题:竞赛中的向量几何与不等式研究(全2册)	2019－06	138.00	1090
从分析解题过程学解题:竞赛中的不等式问题	2021－01	48.00	1249
二维、三维欧氏几何的对偶原理	2018－12	38.00	990
星形大观及闭折线论	2019－03	68.00	1020
立体几何的问题和方法	2019－11	58.00	1127
三角代换论	2021－05	58.00	1313
俄罗斯平面几何问题集	2009－08	88.00	55
俄罗斯立体几何问题集	2014－03	58.00	283
俄罗斯几何大师——沙雷金论数学及其他	2014－01	48.00	271
来自俄罗斯的5000道几何习题及解答	2011－03	58.00	89
俄罗斯初等数学问题集	2012－05	38.00	177
俄罗斯函数问题集	2011－03	38.00	103
俄罗斯组合分析问题集	2011－01	48.00	79
俄罗斯初等数学万题选——三角卷	2012－11	38.00	222
俄罗斯初等数学万题选——代数卷	2013－08	68.00	225
俄罗斯初等数学万题选——几何卷	2014－01	68.00	226
俄罗斯《量子》杂志数学征解问题100题选	2018－08	48.00	969
俄罗斯《量子》杂志数学征解问题又100题选	2018－08	48.00	970
俄罗斯《量子》杂志数学征解问题	2020－05	48.00	1138
463个俄罗斯几何老问题	2012－01	28.00	152
《量子》数学短文精粹	2018－09	38.00	972
用三角、解析几何等计算解来自俄罗斯的几何题	2019－11	88.00	1119
谈谈素数	2011－03	18.00	91
平方和	2011－03	18.00	92
整数论	2011－05	38.00	120
从整数谈起	2015－10	28.00	538
数与多项式	2016－01	38.00	558
谈谈不定方程	2011－05	28.00	119
解析不等式新论	2009－06	68.00	48
建立不等式的方法	2011－03	98.00	104
数学奥林匹克不等式研究(第2版)	2020－07	68.00	1181
不等式研究(第二辑)	2012－02	68.00	153
不等式的秘密(第一卷)(第2版)	2014－02	38.00	286
不等式的秘密(第二卷)	2014－01	38.00	268
初等不等式的证明方法	2010－06	38.00	123
初等不等式的证明方法(第二版)	2014－11	38.00	407
不等式·理论·方法(基础卷)	2015－07	38.00	496
不等式·理论·方法(经典不等式卷)	2015－07	38.00	497
不等式·理论·方法(特殊类型不等式卷)	2015－07	48.00	498
不等式探究	2016－03	38.00	582
不等式探秘	2017－01	88.00	689
四面体不等式	2017－01	68.00	715
数学奥林匹克中常见重要不等式	2017－09	38.00	845
三正弦不等式	2018－09	98.00	974
函数方程与不等式:解法与稳定性结果	2019－04	68.00	1058

刘培杰数学工作室
已出版(即将出版)图书目录——初等数学

书　名	出版时间	定　价	编号
同余理论	2012—05	38.00	163
[x]与{x}	2015—04	48.00	476
极值与最值.上卷	2015—06	28.00	486
极值与最值.中卷	2015—06	38.00	487
极值与最值.下卷	2015—06	28.00	488
整数的性质	2012—11	38.00	192
完全平方数及其应用	2015—08	78.00	506
多项式理论	2015—10	88.00	541
奇数、偶数、奇偶分析法	2018—01	98.00	876
不定方程及其应用.上	2018—12	58.00	992
不定方程及其应用.中	2019—01	78.00	993
不定方程及其应用.下	2019—02	98.00	994
历届美国中学生数学竞赛试题及解答(第一卷)1950—1954	2014—07	18.00	277
历届美国中学生数学竞赛试题及解答(第二卷)1955—1959	2014—04	18.00	278
历届美国中学生数学竞赛试题及解答(第三卷)1960—1964	2014—06	18.00	279
历届美国中学生数学竞赛试题及解答(第四卷)1965—1969	2014—04	28.00	280
历届美国中学生数学竞赛试题及解答(第五卷)1970—1972	2014—06	18.00	281
历届美国中学生数学竞赛试题及解答(第六卷)1973—1980	2017—07	18.00	768
历届美国中学生数学竞赛试题及解答(第七卷)1981—1986	2015—01	18.00	424
历届美国中学生数学竞赛试题及解答(第八卷)1987—1990	2017—05	18.00	769
历届中国数学奥林匹克试题集(第2版)	2017—03	38.00	757
历届加拿大数学奥林匹克试题集	2012—08	38.00	215
历届美国数学奥林匹克试题集:1972～2019	2020—04	88.00	1135
历届波兰数学竞赛试题集.第1卷,1949～1963	2015—03	18.00	453
历届波兰数学竞赛试题集.第2卷,1964～1976	2015—03	18.00	454
历届巴尔干数学奥林匹克试题集	2015—05	38.00	466
保加利亚数学奥林匹克	2014—10	38.00	393
圣彼得堡数学奥林匹克试题集	2015—01	38.00	429
匈牙利奥林匹克数学竞赛题解.第1卷	2016—05	28.00	593
匈牙利奥林匹克数学竞赛题解.第2卷	2016—05	28.00	594
历届美国数学邀请赛试题集(第2版)	2017—10	78.00	851
普林斯顿大学数学竞赛	2016—06	38.00	669
亚太地区数学奥林匹克竞赛题	2015—07	18.00	492
日本历届(初级)广中杯数学竞赛试题及解答.第1卷(2000～2007)	2016—05	28.00	641
日本历届(初级)广中杯数学竞赛试题及解答.第2卷(2008～2015)	2016—05	38.00	642
越南数学奥林匹克题选:1962—2009	2021—07	48.00	1370
360个数学竞赛问题	2016—08	58.00	677
奥数最佳实战题.上卷	2017—06	38.00	760
奥数最佳实战题.下卷	2017—05	58.00	761
哈尔滨市早期中学数学竞赛试题汇编	2016—07	28.00	672
全国高中数学联赛试题及解答:1981—2019(第4版)	2020—07	138.00	1176
2021年全国高中数学联合竞赛模拟题集	2021—04	30.00	1302
20世纪50年代全国部分城市数学竞赛试题汇编	2017—07	28.00	797
国内外数学竞赛题及精解:2018～2019	2020—08	45.00	1192
许康华竞赛优学精选集.第一辑	2018—08	68.00	949
天问叶班数学问题征解100题.Ⅰ,2016—2018	2019—05	88.00	1075
天问叶班数学问题征解100题.Ⅱ,2017—2019	2020—07	98.00	1177
美国初中数学竞赛:AMC8准备(共6卷)	2019—07	138.00	1089
美国高中数学竞赛:AMC10准备(共6卷)	2019—08	158.00	1105

刘培杰数学工作室
已出版(即将出版)图书目录——初等数学

书 名	出版时间	定价	编号
王连笑教你怎样学数学:高考选择题解题策略与客观题实用训练	2014—01	48.00	262
王连笑教你怎样学数学:高考数学高层次讲座	2015—02	48.00	432
高考数学的理论与实践	2009—08	38.00	53
高考数学核心题型解题方法与技巧	2010—01	28.00	86
高考思维新平台	2014—03	38.00	259
高考数学压轴题解题诀窍(上)(第2版)	2018—01	58.00	874
高考数学压轴题解题诀窍(下)(第2版)	2018—01	48.00	875
北京市五区文科数学三年高考模拟题详解:2013~2015	2015—08	48.00	500
北京市五区理科数学三年高考模拟题详解:2013~2015	2015—09	68.00	505
向量法巧解数学高考题	2009—08	28.00	54
高考数学解题金典(第2版)	2017—01	78.00	716
高考物理解题金典(第2版)	2019—05	68.00	717
高考化学解题金典(第2版)	2019—05	58.00	718
数学高考参考	2016—01	78.00	589
新课程标准高考数学解答题各种题型解法指导	2020—08	78.00	1196
全国及各省市高考数学试题审题要津与解法研究	2015—02	48.00	450
高中数学章节起始课的教学研究与案例设计	2019—05	28.00	1064
新课标高考数学——五年试题分章详解(2007~2011)(上、下)	2011—10	78.00	140,141
全国中考数学压轴题审题要津与解法研究	2013—04	78.00	248
新编全国及各省市中考数学压轴题审题要津与解法研究	2014—05	58.00	342
全国及各省市5年中考数学压轴题审题要津与解法研究(2015版)	2015—04	58.00	462
中考数学专题总复习	2007—04	28.00	6
中考数学较难题常考题型解题方法与技巧	2016—09	48.00	681
中考数学难题常考题型解题方法与技巧	2016—09	48.00	682
中考数学中档题常考题型解题方法与技巧	2017—08	68.00	835
中考数学选择填空压轴好题妙解365	2017—05	38.00	759
中考数学:三类重点考题的解法例析与习题	2020—04	48.00	1140
中小学数学的历史文化	2019—11	48.00	1124
初中平面几何百题多思创新解	2020—01	58.00	1125
初中数学中考备考	2020—01	58.00	1126
高考数学之九章演义	2019—08	68.00	1044
化学可以这样学:高中化学知识方法智慧感悟疑难辨析	2019—07	58.00	1103
如何成为学习高手	2019—09	58.00	1107
高考数学:经典真题分类解析	2020—04	78.00	1134
高考数学解答题破解策略	2020—11	58.00	1221
从分析解题过程学解题:高考压轴题与竞赛题之关系探究	2020—08	88.00	1179
教学新思考:单元整体视角下的初中数学教学设计	2021—03	58.00	1278
思维再拓展:2020年经典几何题的多解探究与思考	即将出版		1279
中考数学小压轴汇编初讲	2017—07	48.00	788
中考数学大压轴专题微言	2017—09	48.00	846
怎么解中考平面几何探索题	2019—06	48.00	1093
北京中考数学压轴题解题方法突破(第6版)	2020—11	58.00	1120
助你高考成功的数学解题智慧:知识是智慧的基础	2016—01	58.00	596
助你高考成功的数学解题智慧:错误是智慧的试金石	2016—04	58.00	643
助你高考成功的数学解题智慧:方法是智慧的推手	2016—04	68.00	657
高考数学奇思妙解	2016—04	38.00	610
高考数学解题策略	2016—05	48.00	670
数学解题泄天机(第2版)	2017—10	48.00	850

刘培杰数学工作室
已出版(即将出版)图书目录——初等数学

书　名	出版时间	定　价	编号
高考物理压轴题全解	2017—04	48.00	746
高中物理经典问题 25 讲	2017—05	28.00	764
高中物理教学讲义	2018—01	48.00	871
中学物理基础问题解析	2020—08	48.00	1183
2016 年高考文科数学真题研究	2017—04	58.00	754
2016 年高考理科数学真题研究	2017—04	78.00	755
2017 年高考理科数学真题研究	2018—01	58.00	867
2017 年高考文科数学真题研究	2018—01	48.00	868
初中数学、高中数学脱节知识补缺教材	2017—06	48.00	766
高考数学小题抢分必练	2017—10	48.00	834
高考数学核心素养解读	2017—09	38.00	839
高考数学客观题解题方法和技巧	2017—10	38.00	847
十年高考数学精品试题审题要津与解法研究.上卷	2018—01	68.00	872
十年高考数学精品试题审题要津与解法研究.下卷	2018—01	58.00	873
中国历届高考数学试题及解答.1949—1979	2018—01	38.00	877
历届中国高考数学试题及解答.第二卷,1980—1989	2018—10	28.00	975
历届中国高考数学试题及解答.第三卷,1990—1999	2018—10	48.00	976
数学文化与高考研究	2018—03	48.00	882
跟我学解高中数学题	2018—07	58.00	926
中学数学研究的方法及案例	2018—05	58.00	869
高考数学抢分技能	2018—07	68.00	934
高一新生常用数学方法和重要数学思想提升教材	2018—06	38.00	921
2018 年高考数学真题研究	2019—01	68.00	1000
2019 年高考数学真题研究	2020—05	88.00	1137
高考数学全国卷六道解答题常考题型解题诀窍:理科(全 2 册)	2019—07	78.00	1101
高考数学全国卷 16 道选择、填空题常考题型解题诀窍.理科	2018—09	88.00	971
高考数学全国卷 16 道选择、填空题常考题型解题诀窍.文科	2020—01	88.00	1123
新课程标准高中数学各种题型解法大全.必修一分册	2021—06	58.00	1315
高中数学一题多解	2019—06	58.00	1087
历届中国高考数学试题及解答:1917—1999	2021—08	98.00	1371
新编 640 个世界著名数学智力趣题	2014—01	88.00	242
500 个最新世界著名数学智力趣题	2008—06	48.00	3
400 个最新世界著名数学最值问题	2008—09	48.00	36
500 个世界著名数学征解问题	2009—06	48.00	52
400 个中国最初初等数学征解老问题	2010—01	48.00	60
500 个俄罗斯数学经典老题	2011—01	28.00	81
1000 个国外中学物理好题	2012—04	48.00	174
300 个日本高考数学题	2012—05	38.00	142
700 个早期日本高考数学试题	2017—02	88.00	752
500 个前苏联早期高考数学试题及解答	2012—05	28.00	185
546 个早期俄罗斯大学生数学竞赛题	2014—03	38.00	285
548 个来自美苏的数学好问题	2014—11	28.00	396
20 所苏联著名大学早期入学试题	2015—02	18.00	452
161 道德国工科大学生必做的微分方程习题	2015—05	28.00	469
500 个德国工科大学生必做的高数习题	2015—06	28.00	478
360 个数学竞赛问题	2016—08	58.00	677
200 个趣味数学故事	2018—02	48.00	857
470 个数学奥林匹克中的最值问题	2018—10	88.00	985
德国讲义日本考题.微积分卷	2015—04	48.00	456
德国讲义日本考题.微分方程卷	2015—04	38.00	457
二十世纪中叶中、英、美、日、法、俄高考数学试题精选	2017—06	38.00	783

刘培杰数学工作室
已出版(即将出版)图书目录——初等数学

书　名	出版时间	定　价	编号
中国初等数学研究　2009 卷(第 1 辑)	2009—05	20.00	45
中国初等数学研究　2010 卷(第 2 辑)	2010—05	30.00	68
中国初等数学研究　2011 卷(第 3 辑)	2011—07	60.00	127
中国初等数学研究　2012 卷(第 4 辑)	2012—07	48.00	190
中国初等数学研究　2014 卷(第 5 辑)	2014—02	48.00	288
中国初等数学研究　2015 卷(第 6 辑)	2015—06	68.00	493
中国初等数学研究　2016 卷(第 7 辑)	2016—04	68.00	609
中国初等数学研究　2017 卷(第 8 辑)	2017—01	98.00	712
初等数学研究在中国.第 1 辑	2019—03	158.00	1024
初等数学研究在中国.第 2 辑	2019—10	158.00	1116
初等数学研究在中国.第 3 辑	2021—05	158.00	1306
几何变换(Ⅰ)	2014—07	28.00	353
几何变换(Ⅱ)	2015—06	28.00	354
几何变换(Ⅲ)	2015—01	38.00	355
几何变换(Ⅳ)	2015—12	38.00	356
初等数论难题集(第一卷)	2009—05	68.00	44
初等数论难题集(第二卷)(上、下)	2011—02	128.00	82,83
数论概貌	2011—03	18.00	93
代数数论(第二版)	2013—08	58.00	94
代数多项式	2014—06	38.00	289
初等数论的知识与问题	2011—02	28.00	95
超越数论基础	2011—03	28.00	96
数论初等教程	2011—03	28.00	97
数论基础	2011—03	18.00	98
数论基础与维诺格拉多夫	2014—03	18.00	292
解析数论基础	2012—08	28.00	216
解析数论基础(第二版)	2014—01	48.00	287
解析数论问题集(第二版)(原版引进)	2014—05	88.00	343
解析数论问题集(第二版)(中译本)	2016—04	88.00	607
解析数论基础(潘承洞,潘承彪著)	2016—07	98.00	673
解析数论导引	2016—07	58.00	674
数论入门	2011—03	38.00	99
代数数论入门	2015—03	38.00	448
数论开篇	2012—07	28.00	194
解析数论引论	2011—03	48.00	100
Barban Davenport Halberstam 均值和	2009—01	40.00	33
基础数论	2011—03	28.00	101
初等数论 100 例	2011—05	18.00	122
初等数论经典例题	2012—07	18.00	204
最新世界各国数学奥林匹克中的初等数论试题(上、下)	2012—01	138.00	144,145
初等数论(Ⅰ)	2012—01	18.00	156
初等数论(Ⅱ)	2012—01	18.00	157
初等数论(Ⅲ)	2012—01	28.00	158

书　名	出版时间	定　价	编号
平面几何与数论中未解决的新老问题	2013—01	68.00	229
代数数论简史	2014—11	28.00	408
代数数论	2015—09	88.00	532
代数、数论及分析习题集	2016—11	98.00	695
数论导引提要及习题解答	2016—01	48.00	559
素数定理的初等证明.第2版	2016—09	48.00	686
数论中的模函数与狄利克雷级数(第二版)	2017—11	78.00	837
数论:数学导引	2018—01	68.00	849
范氏大代数	2019—02	98.00	1016
解析数学讲义.第一卷,导来式及微分、积分、级数	2019—04	88.00	1021
解析数学讲义.第二卷,关于几何的应用	2019—04	68.00	1022
解析数学讲义.第三卷,解析函数论	2019—04	78.00	1023
分析・组合・数论纵横谈	2019—04	58.00	1039
Hall代数:民国时期的中学数学课本:英文	2019—08	88.00	1106
数学精神巡礼	2019—01	58.00	731
数学眼光透视(第2版)	2017—06	78.00	732
数学思想领悟(第2版)	2018—01	68.00	733
数学方法溯源(第2版)	2018—08	68.00	734
数学解题引论	2017—05	58.00	735
数学史话览胜(第2版)	2017—01	48.00	736
数学应用展观(第2版)	2017—08	68.00	737
数学建模尝试	2018—04	48.00	738
数学竞赛采风	2018—01	68.00	739
数学测评探营	2019—05	58.00	740
数学技能操握	2018—03	48.00	741
数学欣赏拾趣	2018—02	48.00	742
从毕达哥拉斯到怀尔斯	2007—10	48.00	9
从迪利克雷到维斯卡尔迪	2008—01	48.00	21
从哥德巴赫到陈景润	2008—05	98.00	35
从庞加莱到佩雷尔曼	2011—08	138.00	136
博弈论精粹	2008—03	58.00	30
博弈论精粹.第二版(精装)	2015—01	88.00	461
数学 我爱你	2008—01	28.00	20
精神的圣徒　别样的人生——60位中国数学家成长的历程	2008—09	48.00	39
数学史概论	2009—06	78.00	50
数学史概论(精装)	2013—03	158.00	272
数学史选讲	2016—01	48.00	544
斐波那契数列	2010—02	28.00	65
数学拼盘和斐波那契魔方	2010—07	38.00	72
斐波那契数列欣赏(第2版)	2018—08	58.00	948
Fibonacci数列中的明珠	2018—06	58.00	928
数学的创造	2011—02	48.00	85
数学美与创造力	2016—01	48.00	595
数海拾贝	2016—01	48.00	590
数学中的美(第2版)	2019—04	68.00	1057
数论中的美学	2014—12	38.00	351

刘培杰数学工作室
已出版(即将出版)图书目录——初等数学

书　名	出版时间	定　价	编号
数学王者　科学巨人——高斯	2015—01	28.00	428
振兴祖国数学的圆梦之旅:中国初等数学研究史话	2015—06	98.00	490
二十世纪中国数学史料研究	2015—10	48.00	536
数字谜、数阵图与棋盘覆盖	2016—01	58.00	298
时间的形状	2016—01	38.00	556
数学发现的艺术:数学探索中的合情推理	2016—07	58.00	671
活跃在数学中的参数	2016—07	48.00	675
数海趣史	2021—05	98.00	1314
数学解题——靠数学思想给力(上)	2011—07	38.00	131
数学解题——靠数学思想给力(中)	2011—07	48.00	132
数学解题——靠数学思想给力(下)	2011—07	38.00	133
我怎样解题	2013—01	48.00	227
数学解题中的物理方法	2011—06	28.00	114
数学解题的特殊方法	2011—06	48.00	115
中学数学计算技巧(第2版)	2020—10	48.00	1220
中学数学证明方法	2012—01	58.00	117
数学趣题巧解	2012—03	28.00	128
高中数学教学通鉴	2015—05	58.00	479
和高中生漫谈:数学与哲学的故事	2014—08	28.00	369
算术问题集	2017—03	38.00	789
张教授讲数学	2018—07	38.00	933
陈永明实话实说数学教学	2020—04	68.00	1132
中学数学学科知识与教学能力	2020—06	58.00	1155
自主招生考试中的参数方程问题	2015—01	28.00	435
自主招生考试中的极坐标问题	2015—04	28.00	463
近年全国重点大学自主招生数学试题全解及研究.华约卷	2015—02	38.00	441
近年全国重点大学自主招生数学试题全解及研究.北约卷	2016—05	38.00	619
自主招生数学解证宝典	2015—09	48.00	535
格点和面积	2012—07	18.00	191
射影几何趣谈	2012—04	28.00	175
斯潘纳尔引理——从一道加拿大数学奥林匹克试题谈起	2014—01	28.00	228
李普希兹条件——从几道近年高考数学试题谈起	2012—10	18.00	221
拉格朗日中值定理——从一道北京高考试题的解法谈起	2015—10	18.00	197
闵科夫斯基定理——从一道清华大学自主招生试题谈起	2014—01	28.00	198
哈尔测度——从一道冬令营试题的背景谈起	2012—08	28.00	202
切比雪夫逼近问题——从一道中国台北数学奥林匹克试题谈起	2013—04	38.00	238
伯恩斯坦多项式与贝齐尔曲面——从一道全国高中数学联赛试题谈起	2013—03	38.00	236
卡塔兰猜想——从一道普特南竞赛试题谈起	2013—06	18.00	256
麦卡锡函数和阿克曼函数——从一道前南斯拉夫数学奥林匹克试题谈起	2012—08	18.00	201
贝蒂定理与拉姆贝克莫斯尔定理——从一个拣石子游戏谈起	2012—08	18.00	217
皮亚诺曲线和豪斯道夫分球定理——从无限集谈起	2012—08	18.00	211
平面凸图形与凸多面体	2012—10	28.00	218
斯坦因豪斯问题——从一道二十五省市自治区中学数学竞赛试题谈起	2012—07	18.00	196

刘培杰数学工作室
已出版(即将出版)图书目录——初等数学

书　名	出版时间	定　价	编号
纽结理论中的亚历山大多项式与琼斯多项式——从一道北京市高一数学竞赛试题谈起	2012—07	28.00	195
原则与策略——从波利亚"解题表"谈起	2013—04	38.00	244
转化与化归——从三大尺规作图不能问题谈起	2012—08	28.00	214
代数几何中的贝祖定理(第一版)——从一道IMO试题的解法谈起	2013—08	18.00	193
成功连贯理论与约当块理论——从一道比利时数学竞赛试题谈起	2012—04	18.00	180
素数判定与大数分解	2014—08	18.00	199
置换多项式及其应用	2012—10	18.00	220
椭圆函数与模函数——从一道美国加州大学洛杉矶分校(UCLA)博士资格考题谈起	2012—10	28.00	219
差分方程的拉格朗日方法——从一道2011年全国高考理科试题的解法谈起	2012—08	28.00	200
力学在几何中的一些应用	2013—01	38.00	240
从根式解到伽罗华理论	2020—01	48.00	1121
康托洛维奇不等式——从一道全国高中联赛试题谈起	2013—03	28.00	337
西格尔引理——从一道第18届IMO试题的解法谈起	即将出版		
罗斯定理——从一道前苏联数学竞赛试题谈起	即将出版		
拉克斯定理和阿廷定理——从一道IMO试题的解法谈起	2014—01	58.00	246
毕卡大定理——从一道美国大学数学竞赛试题谈起	2014—07	18.00	350
贝齐尔曲线——从一道全国高中联赛试题谈起	即将出版		
拉格朗日乘子定理——从一道2005年全国高中联赛试题的高等数学解法谈起	2015—05	28.00	480
雅可比定理——从一道日本数学奥林匹克试题谈起	2013—04	48.00	249
李天岩—约克定理——从一道波兰数学竞赛试题谈起	2014—06	28.00	349
整系数多项式因式分解的一般方法——从克朗耐克算法谈起	即将出版		
布劳维不动点定理——从一道前苏联数学奥林匹克试题谈起	2014—01	38.00	273
伯恩赛德定理——从一道英国数学奥林匹克试题谈起	即将出版		
布查特—莫斯特定理——从一道上海市初中竞赛试题谈起	即将出版		
数论中的同余数问题——从一道普特南竞赛试题谈起	即将出版		
范·德蒙行列式——从一道美国数学奥林匹克试题谈起	即将出版		
中国剩余定理:总数法构建中国历史年表	2015—01	28.00	430
牛顿程序与方程求根——从一道全国高考试题解法谈起	即将出版		
库默尔定理——从一道IMO预选试题谈起	即将出版		
卢丁定理——从一道冬令营试题的解法谈起	即将出版		
沃斯滕霍姆定理——从一道IMO预选试题谈起	即将出版		
卡尔松不等式——从一道莫斯科数学奥林匹克试题谈起	即将出版		
信息论中的香农熵——从一道近年高考压轴题谈起	即将出版		
约当不等式——从一道希望杯竞赛试题谈起	即将出版		
拉比诺维奇定理	即将出版		
刘维尔定理——从一道《美国数学月刊》征解问题的解法谈起	即将出版		
卡塔兰恒等式与级数求和——从一道IMO试题的解法谈起	即将出版		
勒让德猜想与素数分布——从一道爱尔兰竞赛试题谈起	即将出版		
天平称重与信息论——从一道基辅市数学奥林匹克试题谈起	即将出版		
哈密尔顿—凯莱定理:从一道高中数学联赛试题的解法谈起	2014—09	18.00	376
艾思特曼定理——从一道CMO试题的解法谈起	即将出版		

刘培杰数学工作室
已出版(即将出版)图书目录——初等数学

书　名	出版时间	定　价	编号
阿贝尔恒等式与经典不等式及应用	2018-06	98.00	923
迪利克雷除数问题	2018-07	48.00	930
幻方、幻立方与拉丁方	2019-08	48.00	1092
帕斯卡三角形	2014-03	18.00	294
蒲丰投针问题——从2009年清华大学的一道自主招生试题谈起	2014-01	38.00	295
斯图姆定理——从一道"华约"自主招生试题的解法谈起	2014-01	18.00	296
许瓦兹引理——从一道加利福尼亚大学伯克利分校数学系博士生试题谈起	2014-08	18.00	297
拉姆塞定理——从王诗宬院士的一个问题谈起	2016-04	48.00	299
坐标法	2013-12	28.00	332
数论三角形	2014-04	38.00	341
毕克定理	2014-07	18.00	352
数林掠影	2014-09	48.00	389
我们周围的概率	2014-10	38.00	390
凸函数最值定理:从一道华约自主招生题的解法谈起	2014-10	28.00	391
易学与数学奥林匹克	2014-10	38.00	392
生物数学趣谈	2015-01	18.00	409
反演	2015-01	28.00	420
因式分解与圆锥曲线	2015-01	18.00	426
轨迹	2015-01	28.00	427
面积原理:从常庚哲命的一道CMO试题的积分解法谈起	2015-01	48.00	431
形形色色的不动点定理:从一道28届IMO试题谈起	2015-01	38.00	439
柯西函数方程:从一道上海交大自主招生的试题谈起	2015-02	28.00	440
三角恒等式	2015-01	28.00	442
无理性判定:从一道2014年"北约"自主招生试题谈起	2015-01	38.00	443
数学归纳法	2015-03	18.00	451
极端原理与解题	2015-04	28.00	464
法雷级数	2014-08	18.00	367
摆线族	2015-01	38.00	438
函数方程及其解法	2015-05	38.00	470
含参数的方程和不等式	2012-09	28.00	213
希尔伯特第十问题	2016-01	38.00	543
无穷小量的求和	2016-01	28.00	545
切比雪夫多项式:从一道清华大学金秋营试题谈起	2016-01	38.00	583
泽肯多夫定理	2016-03	38.00	599
代数等式证明法	2016-01	28.00	600
三角等式证题法	2016-01	28.00	601
吴大任教授藏书中的一个因式分解公式:从一道美国数学邀请赛试题的解法谈起	2016-06	28.00	656
易卦——类万物的数学模型	2017-08	68.00	838
"不可思议"的数与数系可持续发展	2018-01	38.00	878
最短线	2018-01	38.00	879
幻方和魔方(第一卷)	2012-05	68.00	173
尘封的经典——初等数学经典文献选读(第一卷)	2012-07	48.00	205
尘封的经典——初等数学经典文献选读(第二卷)	2012-07	38.00	206
初级方程式论	2011-03	28.00	106
初等数学研究(Ⅰ)	2008-09	68.00	37
初等数学研究(Ⅱ)(上、下)	2009-05	118.00	46,47

刘培杰数学工作室
已出版(即将出版)图书目录——初等数学

书　名	出版时间	定　价	编号
趣味初等方程妙题集锦	2014－09	48.00	388
趣味初等数论选美与欣赏	2015－02	48.00	445
耕读笔记(上卷):一位农民数学爱好者的初数探索	2015－04	28.00	459
耕读笔记(中卷):一位农民数学爱好者的初数探索	2015－05	28.00	483
耕读笔记(下卷):一位农民数学爱好者的初数探索	2015－05	28.00	484
几何不等式研究与欣赏.上卷	2016－01	88.00	547
几何不等式研究与欣赏.下卷	2016－01	48.00	552
初等数列研究与欣赏·上	2016－01	48.00	570
初等数列研究与欣赏·下	2016－01	48.00	571
趣味初等函数研究与欣赏.上	2016－09	48.00	684
趣味初等函数研究与欣赏.下	2018－09	48.00	685
三角不等式研究与欣赏	2020－10	68.00	1197
火柴游戏	2016－05	38.00	612
智力解谜.第1卷	2017－07	38.00	613
智力解谜.第2卷	2017－07	38.00	614
故事智力	2016－07	48.00	615
名人们喜欢的智力问题	2020－01	48.00	616
数学大师的发现、创造与失误	2018－01	48.00	617
异曲同工	2018－09	48.00	618
数学的味道	2018－01	58.00	798
数学千字文	2018－10	68.00	977
数贝偶拾——高考数学题研究	2014－04	28.00	274
数贝偶拾——初等数学研究	2014－04	38.00	275
数贝偶拾——奥数题研究	2014－04	48.00	276
钱昌本教你快乐学数学(上)	2011－12	48.00	155
钱昌本教你快乐学数学(下)	2012－03	58.00	171
集合、函数与方程	2014－01	28.00	300
数列与不等式	2014－01	38.00	301
三角与平面向量	2014－01	28.00	302
平面解析几何	2014－01	38.00	303
立体几何与组合	2014－01	28.00	304
极限与导数、数学归纳法	2014－01	38.00	305
趣味数学	2014－03	28.00	306
教材教法	2014－04	68.00	307
自主招生	2014－05	58.00	308
高考压轴题(上)	2015－01	48.00	309
高考压轴题(下)	2014－10	68.00	310
从费马到怀尔斯——费马大定理的历史	2013－10	198.00	I
从庞加莱到佩雷尔曼——庞加莱猜想的历史	2013－10	298.00	II
从切比雪夫到爱尔特希(上)——素数定理的初等证明	2013－07	48.00	III
从切比雪夫到爱尔特希(下)——素数定理100年	2012－12	98.00	III
从高斯到盖尔方特——二次域的高斯猜想	2013－10	198.00	IV
从库默尔到朗兰兹——朗兰兹猜想的历史	2014－01	98.00	V
从比勒巴赫到德布朗斯——比勃巴赫猜想的历史	2014－02	298.00	VI
从麦比乌斯到陈省身——麦比乌斯变换与麦比乌斯带	2014－02	298.00	VII
从布尔到豪斯道夫——布尔方程与格论漫谈	2013－10	198.00	VIII
从开普勒到阿诺德——三体问题的历史	2014－05	298.00	IX
从华林到华罗庚——华林问题的历史	2013－10	298.00	X

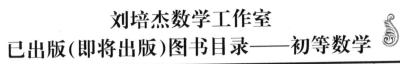

刘培杰数学工作室

已出版(即将出版)图书目录——初等数学

书　名	出版时间	定　价	编号
美国高中数学竞赛五十讲.第1卷(英文)	2014—08	28.00	357
美国高中数学竞赛五十讲.第2卷(英文)	2014—08	28.00	358
美国高中数学竞赛五十讲.第3卷(英文)	2014—09	28.00	359
美国高中数学竞赛五十讲.第4卷(英文)	2014—09	28.00	360
美国高中数学竞赛五十讲.第5卷(英文)	2014—10	28.00	361
美国高中数学竞赛五十讲.第6卷(英文)	2014—11	28.00	362
美国高中数学竞赛五十讲.第7卷(英文)	2014—12	28.00	363
美国高中数学竞赛五十讲.第8卷(英文)	2015—01	28.00	364
美国高中数学竞赛五十讲.第9卷(英文)	2015—01	28.00	365
美国高中数学竞赛五十讲.第10卷(英文)	2015—02	38.00	366
三角函数(第2版)	2017—04	38.00	626
不等式	2014—01	38.00	312
数列	2014—01	38.00	313
方程(第2版)	2017—04	38.00	624
排列和组合	2014—01	28.00	315
极限与导数(第2版)	2016—04	38.00	635
向量(第2版)	2018—08	58.00	627
复数及其应用	2014—08	28.00	318
函数	2014—01	38.00	319
集合	2020—01	48.00	320
直线与平面	2014—01	28.00	321
立体几何(第2版)	2016—04	38.00	629
解三角形	即将出版		323
直线与圆(第2版)	2016—11	38.00	631
圆锥曲线(第2版)	2016—09	48.00	632
解题通法(一)	2014—07	38.00	326
解题通法(二)	2014—07	38.00	327
解题通法(三)	2014—05	38.00	328
概率与统计	2014—01	28.00	329
信息迁移与算法	即将出版		330
IMO 50 年.第1卷(1959—1963)	2014—11	28.00	377
IMO 50 年.第2卷(1964—1968)	2014—11	28.00	378
IMO 50 年.第3卷(1969—1973)	2014—09	28.00	379
IMO 50 年.第4卷(1974—1978)	2016—04	38.00	380
IMO 50 年.第5卷(1979—1984)	2015—04	38.00	381
IMO 50 年.第6卷(1985—1989)	2015—04	58.00	382
IMO 50 年.第7卷(1990—1994)	2016—01	48.00	383
IMO 50 年.第8卷(1995—1999)	2016—06	38.00	384
IMO 50 年.第9卷(2000—2004)	2015—04	58.00	385
IMO 50 年.第10卷(2005—2009)	2016—01	48.00	386
IMO 50 年.第11卷(2010—2015)	2017—03	48.00	646

刘培杰数学工作室
已出版(即将出版)图书目录——初等数学

书　　　名	出版时间	定　价	编号
数学反思(2006—2007)	2020—09	88.00	915
数学反思(2008—2009)	2019—01	68.00	917
数学反思(2010—2011)	2018—05	58.00	916
数学反思(2012—2013)	2019—01	58.00	918
数学反思(2014—2015)	2019—03	78.00	919
数学反思(2016—2017)	2021—03	58.00	1286
历届美国大学生数学竞赛试题集.第一卷(1938—1949)	2015—01	28.00	397
历届美国大学生数学竞赛试题集.第二卷(1950—1959)	2015—01	28.00	398
历届美国大学生数学竞赛试题集.第三卷(1960—1969)	2015—01	28.00	399
历届美国大学生数学竞赛试题集.第四卷(1970—1979)	2015—01	18.00	400
历届美国大学生数学竞赛试题集.第五卷(1980—1989)	2015—01	28.00	401
历届美国大学生数学竞赛试题集.第六卷(1990—1999)	2015—01	28.00	402
历届美国大学生数学竞赛试题集.第七卷(2000—2009)	2015—08	18.00	403
历届美国大学生数学竞赛试题集.第八卷(2010—2012)	2015—01	18.00	404
新课标高考数学创新题解题诀窍:总论	2014—09	28.00	372
新课标高考数学创新题解题诀窍:必修1～5分册	2014—08	38.00	373
新课标高考数学创新题解题诀窍:选修2—1,2—2,1—1,1—2分册	2014—09	38.00	374
新课标高考数学创新题解题诀窍:选修2—3,4—4,4—5分册	2014—09	18.00	375
全国重点大学自主招生英文数学试题全攻略:词汇卷	2015—07	48.00	410
全国重点大学自主招生英文数学试题全攻略:概念卷	2015—01	28.00	411
全国重点大学自主招生英文数学试题全攻略:文章选读卷(上)	2016—09	38.00	412
全国重点大学自主招生英文数学试题全攻略:文章选读卷(下)	2017—01	58.00	413
全国重点大学自主招生英文数学试题全攻略:试题卷	2015—07	38.00	414
全国重点大学自主招生英文数学试题全攻略:名著欣赏卷	2017—03	48.00	415
劳埃德数学趣题大全.题目卷.1:英文	2016—01	18.00	516
劳埃德数学趣题大全.题目卷.2:英文	2016—01	18.00	517
劳埃德数学趣题大全.题目卷.3:英文	2016—01	18.00	518
劳埃德数学趣题大全.题目卷.4:英文	2016—01	18.00	519
劳埃德数学趣题大全.题目卷.5:英文	2016—01	18.00	520
劳埃德数学趣题大全.答案卷:英文	2016—01	18.00	521
李成章教练奥数笔记.第1卷	2016—01	48.00	522
李成章教练奥数笔记.第2卷	2016—01	48.00	523
李成章教练奥数笔记.第3卷	2016—01	38.00	524
李成章教练奥数笔记.第4卷	2016—01	38.00	525
李成章教练奥数笔记.第5卷	2016—01	38.00	526
李成章教练奥数笔记.第6卷	2016—01	38.00	527
李成章教练奥数笔记.第7卷	2016—01	38.00	528
李成章教练奥数笔记.第8卷	2016—01	48.00	529
李成章教练奥数笔记.第9卷	2016—01	28.00	530

书　名	出版时间	定　价	编号
第19～23届"希望杯"全国数学邀请赛试题审题要津详细评注(初一版)	2014—03	28.00	333
第19～23届"希望杯"全国数学邀请赛试题审题要津详细评注(初二、初三版)	2014—03	38.00	334
第19～23届"希望杯"全国数学邀请赛试题审题要津详细评注(高一版)	2014—03	28.00	335
第19～23届"希望杯"全国数学邀请赛试题审题要津详细评注(高二版)	2014—03	38.00	336
第19～25届"希望杯"全国数学邀请赛试题审题要津详细评注(初一版)	2015—01	38.00	416
第19～25届"希望杯"全国数学邀请赛试题审题要津详细评注(初二、初三版)	2015—01	58.00	417
第19～25届"希望杯"全国数学邀请赛试题审题要津详细评注(高一版)	2015—01	48.00	418
第19～25届"希望杯"全国数学邀请赛试题审题要津详细评注(高二版)	2015—01	48.00	419
物理奥林匹克竞赛大题典——力学卷	2014—11	48.00	405
物理奥林匹克竞赛大题典——热学卷	2014—04	28.00	339
物理奥林匹克竞赛大题典——电磁学卷	2015—07	48.00	406
物理奥林匹克竞赛大题典——光学与近代物理卷	2014—06	28.00	345
历届中国东南地区数学奥林匹克试题集(2004～2012)	2014—06	18.00	346
历届中国西部地区数学奥林匹克试题集(2001～2012)	2014—07	18.00	347
历届中国女子数学奥林匹克试题集(2002～2012)	2014—08	18.00	348
数学奥林匹克在中国	2014—06	98.00	344
数学奥林匹克问题集	2014—01	38.00	267
数学奥林匹克不等式散论	2010—06	38.00	124
数学奥林匹克不等式欣赏	2011—09	38.00	138
数学奥林匹克超级题库(初中卷上)	2010—01	58.00	66
数学奥林匹克不等式证明方法和技巧(上、下)	2011—08	158.00	134,135
他们学什么:原民主德国中学数学课本	2016—09	38.00	658
他们学什么:英国中学数学课本	2016—09	38.00	659
他们学什么:法国中学数学课本.1	2016—09	38.00	660
他们学什么:法国中学数学课本.2	2016—09	28.00	661
他们学什么:法国中学数学课本.3	2016—09	38.00	662
他们学什么:苏联中学数学课本	2016—09	28.00	679
高中数学题典——集合与简易逻辑·函数	2016—07	48.00	647
高中数学题典——导数	2016—07	48.00	648
高中数学题典——三角函数·平面向量	2016—07	48.00	649
高中数学题典——数列	2016—07	58.00	650
高中数学题典——不等式·推理与证明	2016—07	38.00	651
高中数学题典——立体几何	2016—07	48.00	652
高中数学题典——平面解析几何	2016—07	78.00	653
高中数学题典——计数原理·统计·概率·复数	2016—07	48.00	654
高中数学题典——算法·平面几何·初等数论·组合数学·其他	2016—07	68.00	655

刘培杰数学工作室
已出版(即将出版)图书目录——初等数学

书　　名	出版时间	定　价	编号
台湾地区奥林匹克数学竞赛试题.小学一年级	2017－03	38.00	722
台湾地区奥林匹克数学竞赛试题.小学二年级	2017－03	38.00	723
台湾地区奥林匹克数学竞赛试题.小学三年级	2017－03	38.00	724
台湾地区奥林匹克数学竞赛试题.小学四年级	2017－03	38.00	725
台湾地区奥林匹克数学竞赛试题.小学五年级	2017－03	38.00	726
台湾地区奥林匹克数学竞赛试题.小学六年级	2017－03	38.00	727
台湾地区奥林匹克数学竞赛试题.初中一年级	2017－03	38.00	728
台湾地区奥林匹克数学竞赛试题.初中二年级	2017－03	38.00	729
台湾地区奥林匹克数学竞赛试题.初中三年级	2017－03	28.00	730
不等式证题法	2017－04	28.00	747
平面几何培优教程	2019－08	88.00	748
奥数鼎级培优教程.高一分册	2018－09	88.00	749
奥数鼎级培优教程.高二分册.上	2018－04	68.00	750
奥数鼎级培优教程.高二分册.下	2018－04	68.00	751
高中数学竞赛冲刺宝典	2019－04	68.00	883
初中尖子生数学超级题典.实数	2017－07	58.00	792
初中尖子生数学超级题典.式、方程与不等式	2017－08	58.00	793
初中尖子生数学超级题典.圆、面积	2017－08	38.00	794
初中尖子生数学超级题典.函数、逻辑推理	2017－08	48.00	795
初中尖子生数学超级题典.角、线段、三角形与多边形	2017－07	58.00	796
数学王子——高斯	2018－01	48.00	858
坎坷奇星——阿贝尔	2018－01	48.00	859
闪烁奇星——伽罗瓦	2018－01	58.00	860
无穷统帅——康托尔	2018－01	48.00	861
科学公主——柯瓦列夫斯卡娅	2018－01	48.00	862
抽象代数之母——埃米·诺特	2018－01	48.00	863
电脑先驱——图灵	2018－01	58.00	864
昔日神童——维纳	2018－01	48.00	865
数坛怪侠——爱尔特希	2018－01	68.00	866
传奇数学家徐利治	2019－09	88.00	1110
当代世界中的数学.数学思想与数学基础	2019－01	38.00	892
当代世界中的数学.数学问题	2019－01	38.00	893
当代世界中的数学.应用数学与数学应用	2019－01	38.00	894
当代世界中的数学.数学王国的新疆域(一)	2019－01	38.00	895
当代世界中的数学.数学王国的新疆域(二)	2019－01	38.00	896
当代世界中的数学.数林撷英(一)	2019－01	38.00	897
当代世界中的数学.数林撷英(二)	2019－01	48.00	898
当代世界中的数学.数学之路	2019－01	38.00	899

刘培杰数学工作室
已出版(即将出版)图书目录——初等数学

书　名	出版时间	定　价	编号
105 个代数问题:来自 AwesomeMath 夏季课程	2019－02	58.00	956
106 个几何问题:来自 AwesomeMath 夏季课程	2020－07	58.00	957
107 个几何问题:来自 AwesomeMath 全年课程	2020－07	58.00	958
108 个代数问题:来自 AwesomeMath 全年课程	2019－01	68.00	959
109 个不等式:来自 AwesomeMath 夏季课程	2019－04	58.00	960
国际数学奥林匹克中的 110 个几何问题	即将出版		961
111 个代数和数论问题	2019－05	58.00	962
112 个组合问题:来自 AwesomeMath 夏季课程	2019－05	58.00	963
113 个几何不等式:来自 AwesomeMath 夏季课程	2020－08	58.00	964
114 个指数和对数问题:来自 AwesomeMath 夏季课程	2019－09	48.00	965
115 个三角问题:来自 AwesomeMath 夏季课程	2019－09	58.00	966
116 个代数不等式:来自 AwesomeMath 全年课程	2019－04	58.00	967
紫色彗星国际数学竞赛试题	2019－02	58.00	999
数学竞赛中的数学:为数学爱好者、父母、教师和教练准备的丰富资源.第一部	2020－04	58.00	1141
数学竞赛中的数学:为数学爱好者、父母、教师和教练准备的丰富资源.第二部	2020－07	48.00	1142
和与积	2020－10	38.00	1219
数论:概念和问题	2020－12	68.00	1257
初等数学问题研究	2021－03	48.00	1270
澳大利亚中学数学竞赛试题及解答(初级卷)1978~1984	2019－02	28.00	1002
澳大利亚中学数学竞赛试题及解答(初级卷)1985~1991	2019－02	28.00	1003
澳大利亚中学数学竞赛试题及解答(初级卷)1992~1998	2019－02	28.00	1004
澳大利亚中学数学竞赛试题及解答(初级卷)1999~2005	2019－02	28.00	1005
澳大利亚中学数学竞赛试题及解答(中级卷)1978~1984	2019－03	28.00	1006
澳大利亚中学数学竞赛试题及解答(中级卷)1985~1991	2019－03	28.00	1007
澳大利亚中学数学竞赛试题及解答(中级卷)1992~1998	2019－03	28.00	1008
澳大利亚中学数学竞赛试题及解答(中级卷)1999~2005	2019－03	28.00	1009
澳大利亚中学数学竞赛试题及解答(高级卷)1978~1984	2019－05	28.00	1010
澳大利亚中学数学竞赛试题及解答(高级卷)1985~1991	2019－05	28.00	1011
澳大利亚中学数学竞赛试题及解答(高级卷)1992~1998	2019－05	28.00	1012
澳大利亚中学数学竞赛试题及解答(高级卷)1999~2005	2019－05	28.00	1013
天才中小学生智力测验题.第一卷	2019－03	38.00	1026
天才中小学生智力测验题.第二卷	2019－03	38.00	1027
天才中小学生智力测验题.第三卷	2019－03	38.00	1028
天才中小学生智力测验题.第四卷	2019－03	38.00	1029
天才中小学生智力测验题.第五卷	2019－03	38.00	1030
天才中小学生智力测验题.第六卷	2019－03	38.00	1031
天才中小学生智力测验题.第七卷	2019－03	38.00	1032
天才中小学生智力测验题.第八卷	2019－03	38.00	1033
天才中小学生智力测验题.第九卷	2019－03	38.00	1034
天才中小学生智力测验题.第十卷	2019－03	38.00	1035
天才中小学生智力测验题.第十一卷	2019－03	38.00	1036
天才中小学生智力测验题.第十二卷	2019－03	38.00	1037
天才中小学生智力测验题.第十三卷	2019－03	38.00	1038

刘培杰数学工作室
已出版(即将出版)图书目录——初等数学

书　名	出版时间	定　价	编号
重点大学自主招生数学备考全书:函数	2020－05	48.00	1047
重点大学自主招生数学备考全书:导数	2020－08	48.00	1048
重点大学自主招生数学备考全书:数列与不等式	2019－10	78.00	1049
重点大学自主招生数学备考全书:三角函数与平面向量	2020－08	68.00	1050
重点大学自主招生数学备考全书:平面解析几何	2020－07	58.00	1051
重点大学自主招生数学备考全书:立体几何与平面几何	2019－08	48.00	1052
重点大学自主招生数学备考全书:排列组合·概率统计·复数	2019－09	48.00	1053
重点大学自主招生数学备考全书:初等数论与组合数学	2019－08	48.00	1054
重点大学自主招生数学备考全书:重点大学自主招生真题.上	2019－04	68.00	1055
重点大学自主招生数学备考全书:重点大学自主招生真题.下	2019－04	58.00	1056
高中数学竞赛培训教程:平面几何问题的求解方法与策略.上	2018－05	68.00	906
高中数学竞赛培训教程:平面几何问题的求解方法与策略.下	2018－06	78.00	907
高中数学竞赛培训教程:整除与同余以及不定方程	2018－01	88.00	908
高中数学竞赛培训教程:组合计数与组合极值	2018－04	48.00	909
高中数学竞赛培训教程:初等代数	2019－04	78.00	1042
高中数学讲座:数学竞赛基础教程(第一册)	2019－06	48.00	1094
高中数学讲座:数学竞赛基础教程(第二册)	即将出版		1095
高中数学讲座:数学竞赛基础教程(第三册)	即将出版		1096
高中数学讲座:数学竞赛基础教程(第四册)	即将出版		1097
新编中学数学解题方法1000招丛书.实数(初中版)	即将出版		1291
新编中学数学解题方法1000招丛书.式(初中版)	即将出版		1292
新编中学数学解题方法1000招丛书.方程与不等式(初中版)	2021－04	58.00	1293
新编中学数学解题方法1000招丛书.函数(初中版)	即将出版		1294
新编中学数学解题方法1000招丛书.角(初中版)	即将出版		1295
新编中学数学解题方法1000招丛书.线段(初中版)	即将出版		1296
新编中学数学解题方法1000招丛书.三角形与多边形(初中版)	2021－04	48.00	1297
新编中学数学解题方法1000招丛书.圆(初中版)	即将出版		1298
新编中学数学解题方法1000招丛书.面积(初中版)	2021－07	28.00	1299

联系地址:哈尔滨市南岗区复华四道街10号　哈尔滨工业大学出版社刘培杰数学工作室
网　　址:http://lpj.hit.edu.cn/
邮　　编:150006
联系电话:0451－86281378　　13904613167
E-mail:lpj1378@163.com